Ursula Kopp

Rettet die Vögel!

Lebensraum • Fütterung • Nisthilfen
Vogelschutzprojekte

Mit
54 Vogel-
porträts

Bassermann

Inhaltsverzeichnis

Vorwort

Vögel vernetzen Lebensräume, Ressourcen und biologische Prozesse und gelten als zuverlässige Gradmesser für die globale Gesundheit von Ökosystemen. Denn sie reagieren rasch auf Umweltveränderungen und spielen auf allen Ebenen der Nahrungskette eine Rolle. Der Klimawandel und die gravierenden Veränderungen in der Landschaft in den letzten Jahrzehnten haben den Vogelschutz zur zentralen Aufgabe des internationalen Naturschutzes gemacht. Viele Arten zeigen erhebliche Bestandsrückgänge und schrumpfende Verbreitungsgebiete oder sind vom Aussterben bedroht. Der Weltnaturschutzunion (IUCN) zufolge gehen weltweit bei 40 Prozent der Vogelarten die Bestände zurück und 14 Prozent aller Arten sind vom Aussterben bedroht. Allein in Europa sind in den letzten 24 Jahren die Bestände der Vögel auf Äckern und Wiesen um mehr als 30 Prozent gesunken.

Die Probleme ergeben sich vor allem aus dem vernetzten Zusammenwirken verschiedener Umweltfaktoren und der vielfältigen Zerstörung ihrer Lebensräume. Auf diese mit ihren unterschiedlichsten Bedingungen haben sich bestimmte Vogelarten im Laufe ihrer Entwicklung eingestellt und spezialisiert. So hat jede Art ihren Platz im Naturkreislauf erobert und erfüllt in ihm eine bestimmte Funktion z. B. als Bestäuber von Früchten, Samentransporteur und Schädlingsvertilger. Wenn nun der Verlust der Lebensräume durch den Eingriff des Menschen zu ihrem Aussterben führt, wird das Gleichgewicht in der Natur und somit auch die Lebensgrundlage des Menschen gefährdet.

Viele Ursachen, die zum Rückgang oder Aussterben der Vögel führen, sind nicht zwangsläufig oder unvermeidbar, sondern vielfach auf mangelnde Kenntnis zurückzuführen. Ist aber das Interesse einmal geweckt, können sich nur wenige der Faszination der artenreichen Vogelwelt entziehen. Aber gerade ein emotionales Engagement kann eine tragfähige Basis sein, wirkungsvolle Vogelschutzmaßnahmen zu realisieren. Das vorliegende Buch will Informationen und Ratschläge hierzu vermitteln und darlegen, wie auch jeder Einzelne einen wertvollen Beitrag zum Artenschutz leisten kann.

BEDROHTE
Vogelwelt

Der Vogelwelt geht es schlecht. Immer häufiger weisen Meldungen und Berichte in den Medien auf die Gefährdung vieler Arten hin. Unsere Vögel zählen zu den am besten untersuchten Gruppen von Lebewesen und die Datenlage zu Beständen und Populationsentwicklungen ist ausgezeichnet. Daher eignen sie sich ganz besonders als Indikatoren für den Zustand unserer Umwelt und Natur. Eine 2020 aktualisierte Rote Liste der bedrohten Sing- und Brutvögel belegt, dass die Hälfte unserer heimischen Vogelarten als gefährdet eingestuft wird. Ursachen und Gründe sind vielfältig.

Verlust von Lebensraum durch intensive Landwirtschaft

Kein anderer Teil der Landschaft ist so schnellen und drastischen Veränderungen unterworfen wie landwirtschaftlich genutzte Flächen auf Feldern und Wiesen. Wo bis vor wenigen Jahren Blumenwiesen und Weiden das Land überzogen und vielen Tier- und Pflanzenarten Lebensraum boten, stehen heute so weit das Auge reicht monotone Mais- und Rapsfelder. Wildhecken wurden rigoros abgeholzt, weil sie das Bearbeiten erschwerten. Baumgruppen, Wegraine sind verschwunden und mit ihnen Rückzugs- und Schutzräume. Gülle, Kunstdünger und Pestizide sorgen dafür, dass in den Feldern weniger Wildkräuter wachsen, die der Insektennahrung dienen und den Vögeln wertvolle Sämereien liefern.

Die Hauptursache für den Bestandsrückgang vieler Arten liegt in der stetigen Intensivierung der Landwirtschaft. Größere Ackerschläge und der Rückgang von Brachflächen und Randstreifen fordern ebenso ihren Tribut wie die Monotonisierung der Landschaft durch den zunehmenden Anbau von Energiepflanzen. Eine immer zeitigere Mahd sowie der Umbruch von feuchtem und artenreichem Grünland lassen der Artenvielfalt keine Chance mehr. Besonders betroffen von dieser Entwicklung sind Feldvögel wie die Feldlerche und der Kiebitz, die auf Agrarflächen ihre Lebens- und Nahrungsgrundlage haben und heute Stammgäste auf der Roten Liste der bedrohten Vogelarten sind.

Mit der chemischen Keule gegen die Umwelt

Besonders der massive Einsatz von Pestiziden zur Vernichtung von »Unkräutern« und »Schädlingen« trägt maßgeblich zum Verlust biologischer Vielfalt bei und bedroht grundlegende ökologische Prozesse. Denn sie töten nicht nur Organismen direkt ab, sondern auch indirekt, indem sie das Nahrungsangebot wildlebender Tiere erheblich reduzieren. Zudem werden Anbauweisen gefördert, die ohne chemische Pflanzenschutzmittel nicht funktionieren würden: Monokulturen, kurze Fruchtfolgen sowie der Anbau überzüchteter Hybriden und genveränderten Sorten.

Als Pflanzenschutzmittel werden vor allem *Pestizide* eingesetzt (*Herbizide und Insektizide*). Während *Insektizide* zur Bekämpfung von Schädlingen und Krankheitsüberträgern eingesetzt werden, verfolgen *Herbizide* den Zweck, störende Pflanzen (»*Unkräuter*«) abzutöten. Auf Umwelt und Natur wirken sich vor allem Pflanzenschutzmittel negativ aus. Sie werden auf unterschiedliche Weise eingesetzt: durch Saatgutbeizung, Spritzung oder in Form von Granulat.

Dramatische Folgen für Insekten und Vögel

Insekten kommt eine besondere Bedeutung im Naturhaushalt zu. In intensiv bewirtschafteten Agrarlandschaften sind sie durch den Einsatz von Pestiziden massiv bedroht. Auch durch den Verlust von Lebensräumen lassen sich dramatische Rückgänge sowohl in der Artenvielfalt als auch in Populationsdichten einst häufiger Insektenarten beobachten. Für sie gelten besonders die *Neonikotinoide* als schädlich, ihre Verwendung führt zum direkten Tod. Durch den Einsatz von Herbiziden gibt es immer weniger Wildkräuter, auf die Insekten und samenfressende Vögel als Nahrungsquelle angewiesen sind. Denn die Nahrungsgrundlage der meisten Vögel sind in den Sommermonaten, in denen sie ihre Brut aufziehen, Insekten, deren Larven, Würmer oder Pflanzensamen.

In dem 1963 erschienenen Sachbuch „Der stumme Frühling" legte die Amerikanerin Rachel Carson an einer Fülle von Tatsachen erstmals die Fragwürdigkeit des chemischen Pflanzenschutzes dar und machte die schädlichen Auswirkungen auf Natur und Menschen deutlich. Das Buch avancierte rasch zur Bibel der damals entstehenden Ökologie-Bewegung. Ihre Warnungen haben seither nichts von ihrer Aktualität verloren.

Zugvögel reagieren auf den Klimawandel

Gartenrotschwanz

Wenn im zeitigen Frühjahr die Temperaturen langsam steigen, kündigt am Morgen wieder das vertraute Zwitschern der Vögel das Ende des Winters an. Zu den bereits anwesenden Amseln, Meisen und Zaunkönigen kehren nach und nach auch die Zugvögel aus ihren Überwinterungsgebieten zurück. Im Februar sind es Star und Singdrossel, im März Zilpzalp, Haus- und Gartenrotschwanz.

Mit der globalen Erwärmung zeichnet sich jedoch eine besorgniserregende Veränderung des Zugverhaltens vieler Vogelarten ab. So kehren Mehlschwalben durchschnittlich 10 Tage früher als noch vor 30 Jahren aus ihren Winterquartieren zurück. Die Mönchsgrasmücke hat sich auf eine ganz neue Flugroute festgelegt, die typischen Zugvögel Kiebitz, Star und Singdrossel begeben sich häufig gar nicht mehr auf eine lange Reise nach Südfrankreich, Spanien und Nordafrika, sondern überwintern in Mitteleuropa, zum Beispiel auch in Südengland. Die Zugbewegung hängt in erster Linie von der Ernährungslage ab. Sie ist jedoch nicht der unmittelbare Auslöser des Zugverhaltens, denn meist wird das Brutgebiet schon verlassen, obwohl noch ausreichend Nahrung zur Verfügung steht.

Zugvögel besitzen eine innere Uhr, die im Rhythmus der Jahreszeiten alle wichtigen Lebensvorgänge steuert. Diese »biologische Langzeituhr« löst in ihnen eine Zugunruhe aus und sorgt dafür, dass sie sich rechtzeitig vor ihrer langen und anstrengenden Reise ausreichend Energiereserven anfuttern, um diese überhaupt bewältigen zu können.

Zwischenmahlzeiten werden knapp

Der Trauerschnäpper ist ein *Langstreckenzieher*, er überwintert südlich der Sahara. Sein Zeitpunkt für die Rückreise in die europäischen Brutgebiete ist genetisch festgelegt und orientiert sich an seiner biologischen Langzeituhr. Deshalb kann er sich sehr viel schlechter an geänderte klimatische Verhältnisse anpassen als Zugvögel, die im Süden Europas überwintern. Diese *Kurzstreckenzieher*, wie zum Beispiel die Feldlerche, können ihren Rückflug vom Wetter im Brutgebiet abhängig machen. Da sich viele Insektenarten ebenfalls den veränderten Klimaverhältnissen angepasst haben und sich deutlich früher entwickeln, steht den »Frühheimkehrern« ein üppiges Nahrungsangebot zur Verfügung. Die »Spätheimkehrer« dagegen finden oft nicht mehr ausreichend Nahrung für ihren hungrigen Nachwuchs.

Der Klimawandel und die damit einhergehende Veränderung von Lebensräumen erschweren den klassischen Zugvögeln auch die Reise selbst. Weit ziehende Arten durchqueren viele unterschiedliche Lebensräume in verschiedenen geografischen Breiten. Auch durch die zunehmende Versteppung weiter Landstriche Afrikas und die Ausbreitung der Wüsten gibt es für sie immer weniger Möglichkeiten, Rastplätze für Zwischenmahlzeiten anzusteuern. Sie müssen also immer weitere Strecken ohne Pausen zurücklegen. Das zehrt an ihren knappen Energiereserven und lässt viele Vögel buchstäblich auf der Strecke bleiben. Daraus kann man schließen, dass in erster Linie die *Kurz-* und *Mittelstreckenzieher* in der Lage sind, auf das Tempo der globalen Erderwärmung zu reagieren, und die Langstreckenzieher immer mehr in Bedrängnis geraten.

Trauerschnäpper

Vogelsterben durch illegale Jagd

Ein weiterer schwerer Verlust für die Vogelwelt ist auf die illegale Jagd auf Zugvögel zurückzuführen. Gerade sie geraten auf ihren Flugrouten zu Millionen in die Fallen südeuropäischer Jäger oder werden einfach abgeschossen. Die Vogeljagd mit Japannetzen, Schlingen, Leimruten und anderen brutalen Methoden ist in der EU verboten, allerdings halten sich viele Länder nicht daran. Vor allem Mitgliedsstaaten wie Italien, Zypern, Kroatien, Griechenland, Spanien, Portugal und Malta machen durch illegale Vogeljagd von sich reden.

Arten wie Gartenrotschwanz, Grauschnäpper, Mönchsgrasmücke, Singdrossel und Stieglitz verzeichnen dramatische Bestandseinbrüche. Auch Eichelhäher, Rotkehlchen, Nachtigallen, Drosseln und Braunkehlchen geraten den Vogelfängern in die Netze. Gerade Singvögel gelten in Italien als Delikatesse. Andere Arten enden als Käfigvögel und müssen wegen des Profits oder zum Zeitvertreib der Wilderer sterben.

Trotz aller Schutzanstrengungen und Gesetze fallen jedes Jahr in den Ländern rund um das Mittelmeer mindestens 25 Millionen Zugvögel der illegalen Jagd zum Opfer. Diese erschreckenden Zahlen machen einen Großteil des Natur- und Vogelschutzes im Mittel- und Westeuropa wieder zunichte. Ein besonders dramatisches Beispiel ist die Turteltaube – das Symbol für Liebe, Frieden und Hoffnung. Sie wurde 2020 von NABU zum Vogel des Jahres erklärt. Seit 1980 sind in Deutschland nahezu 90 Prozent des Bestandes der einzigen Langstreckenzieherin unter den heimischen Tauben verloren gegangen. Sie ist vor allem auf der gefährlichen Reise nach Afrika durch (vorwiegend) legale wie illegale Jagd im Mittelmeerraum massiv gefährdet.

Wissenschaftler haben für »BirdLife International« (internationale Organisation für Vogelschutz) Zahlen zusammengetragen und Hotspots ermittelt, an denen rund ein Drittel der Zugvögel stirbt. Sie verteilen sich

Ägyptische Fangnetze

auf nur vier Länder: Libanon, Ägypten, Syrien und Zypern. 2013 wurde in Deutschland das gewaltige Ausmaß des ägyptischen Vogelfangs bekannt. Auf einer Strecke von über 700 Kilometern entlang der gesamten ägyptischen Mittelmeerküste versperren Fangnetze Millionen von Zugvögeln den Weg in ihre Überwinterungsgebiete und zurück. Aus diesem Anlass sammelte der Naturschutzbund Deutschland (NABU) Unterschriften für eine Petition gegen den Vogelfang in Ägypten und überreichte sie dem ägyptischen Botschafter. Es wurde ein internationaler Aktionsplan für den Kampf gegen die Vogeljagd in Ägypten beschlossen, der auch von der Regierung Ägyptens mitgetragen wird.

Eine am Usutu-Virus erkrankte Amsel

Krankheiten auf Wanderschaft

Durch den Klimawandel breiten sich auch bei uns wärmeliebende Blutsauger aus, die im Gegensatz zu unseren heimischen Arten effektive Überträger von tropischen Krankheiten sind. Die Klimaerwärmung begünstigt sowohl das Virus selbst als auch die Stechmücken, die es übertragen und verbreiten. Unter Vögeln grassiert in Deutschland schon seit 2011 das Usutu-Virus. Insbesondere Amseln reagieren empfindlich auf eine Infektion, die bei ihnen innerhalb weniger Tage meist tödlich verläuft. Die Tiere zeigen oft ein struppiges Kleingefieder am Hals und Federverlust am Kopf bis zur teilweisen oder vollständigen Kahlheit. Sie sind apathisch oder zeigen zentralnervöse Störungen wie Taumeln oder Verdrehen des Kopfes. Begünstigt wurde die Ausbreitung des Virus durch die milden Winter der letzten Jahre und die heißen Sommer 2018/2019. Bis Mitte August 2019 wurden 9000 kranke oder tote Vögel gemeldet. Im März 2020 wurden aus vielen Gärten in der Nähe von Futterstellen krank wirkende Blaumeisen gemeldet, die auch schnell starben. Verantwortlich dafür war das hoch ansteckende Bakterium *Suttonella ornithocola*. Die Vögel saßen apathisch am Boden und flüchteten nicht, wenn sich Menschen näherten. Teile des Kopfgefieders waren ausgefallen, sie nahmen kein Futter mehr auf, so als ob sie nicht schlucken könnten.

Natürlicher Feind Katze

Unsere Hauskatze stammt von der im Nahen Osten lebenden Falb-katze (*Felis sylvestris lybica*) ab und ist seit dem 11. Jahrhundert bei uns als beliebtestes Haustier bekannt. Forscher gehen davon aus, dass sich die ersten Katzen vor rund 10 000 Jahren den Menschen ange-schlossen haben, und bezeichnen sie als »opportunistische Jäger«. Das heißt, Katzen suchen ihre Beute dort, wo sie am leichtesten zu finden ist. So trafen sie auf die Menschen, die damals mit dem Ackerbau an-fingen und begannen, ihr Korn zu lagern. Das zog Mäuse an, und die wiederum waren ein gefundenes Fressen für die Katzen. Weil diese Zweckgemeinschaft so gut funktionierte, versuchte man, die Katzen zu halten, lockte sie mit Milch an, und die ehemaligen Wildkatzen ge-wöhnten sich an den Menschen. Trotz dieser langen Zeit in menschli-cher Obhut zeigt die Hauskatze auch heute die wesentlichen Merkmale ihrer wilden Stammform. Immer noch durchstreift sie ein großes Revier auf der Suche nach Beutetieren. Früher waren diese Eigenschaften auf den Bauernhöfen erwünscht, da sie die Mäuse in Schach hielt.

Die Qualität des Lebensraums (Verfügbarkeit der Nahrung, Nist- und Rückzugsmöglichkeit, Verstecke) hat auf Tierpopulationen großen Ein-fluss. In unserer stark veränderten Umwelt kämpfen viele Ar-ten ums Überleben. Streunende Katzen und/oder eine Über-population an Haus-katzen können aller-dings dazu führen, dass ganze Popula-tionen einzelner Vo-gelarten ausgelöscht werden. Dies betrifft vor allem Bodenbrü-ter wie zum Beispiel Feldlerchen. Denn Katzen sind wie ihre Verwandten Löwen

und Tiger eigentlich Raubtiere. Diese gehen nach wie vor auf die Jagd, um zu überleben. Auch Katzen jagen und stürzen sich auf das, was für sie greifbar ist und fressen auch Vögel. Sie müssen das eigentlich nicht tun, schließlich bekommen sie von uns normalerweise genug zu fressen. Aber ihr Instinkt gibt ihnen das Jagen vor und Vögel sind für sie eine natürliche Beute. Deshalb stellen Katzen, vor allem die »Freigänger« unter den Hauskatzen, eine Gefahr dar. Besonders problematisch sind die Tiere, die keine Besitzer mehr haben und verwildert sind. Sie streunen herum, pflanzen sich fort und müssen jagen, um sich zu ernähren. Geschätzt gibt es zwei Millionen herrenlose Katzen in Deutschland.

Katze im Garten – Alarm für Vögel

In Siedlungen und ihrer Umgebung übersteigt die Anzahl freilaufender Hauskatzen die Anzahl aller anderen Beutegreifer. Wenn eine freilaufende Hauskatze in ihrem Revier (Garten) unterwegs ist, setzt sie die dort lebenden Singvögel einem enormen Stress aus. Besonders im Frühjahr während der Brutzeit und Jungenaufzucht kann dies gravierende Ausmaße zur Folge haben. Meist erbeuten Katzen aus dem Nest gefallene Jungvögel und geschwächte, alte oder kranke Tiere, wodurch die Bestände der Vögel stark beeinträchtigt werden, denn für die Altvögel bedeutet das:

• Sie müssen Umwege zum Nest fliegen, um den Räubern nicht auf dessen Standort aufmerksam zu machen.
• Dadurch steigt ihr Energieverbrauch.
• Sie können nicht mehr überall gefahrlos nach Nahrung suchen.
• Die Fütterung der Jungen ist nur möglich, wenn keine Katze in der Nähe ist, die den Neststandort erraten könnte.

Deshalb können sie ihren Nachwuchs nicht mehr optimal versorgen und die Zahl der flügge werdenden Jungvögel sinkt dramatisch. Katzen klettern auch auf Bäume und plündern die Nester. Tierschutzorganisationen empfehlen, dass man von Mitte Mai bis Mitte Juli Katzen nicht in den Morgenstunden rauslassen sollte. Denn zu dieser Zeit sind die meisten Jungvögel, die gerade erst flügge werden, unterwegs. Vogelnester in Bäumen lassen sich auch mit speziellen Manschettenringen schützen, dann können Katzen nicht mehr an ihnen hinaufklettern.

Weitere Ursachen

Fest steht, dass eine intensive und industrielle Landwirtschaft haupt-sächlich für den Verlust an natürlichen Lebensräumen verantwortlich ist. Aber auch eine sich insgesamt stetig verändernde Umwelt birgt zu-sätzliche Gefahren, welche die Freiräume und Lebensbedingungen der Vögel noch weiter einschränken.

Flächenversiegelung

Unser Boden hat vielfältige Funktionen, er filtert und speichert Was-ser, ist Lebensgrundlage und Anbaufläche für Nahrung und sorgt für klimatischen Ausgleich. Innerhalb der Siedlungs- und Verkehrsflächen ist ein Teil durch darauf errichtete Gebäude versiegelt. Aber auch un-bebaute Freiflächen, Betriebs-, Verkehrs- und Erholungsflächen werden immer mehr mit Beton, Asphalt, Pflastersteinen oder wassergebundenen Decken befestigt und versiegelt. Auch in Privatgärten greift dieser Trend um sich. Die Folgen sind dramatisch, denn ein versiegelter Boden kann seine Aufgaben nicht mehr erfüllen. Die Fruchtbarkeit geht verloren, denn Wasser, Licht und Sauerstoff können ihn nicht mehr erreichen. Der ungebremste Verlust an natürlichem Boden in der Landschaft führt zu einer Verinselung von Lebensräumen. Räumliche Korridore, besonders für die heimische Tierwelt, werden langfristig eingeschränkt.

Gepflasterter Vorgarten

Vogelschlag an Glasflächen

Aktuellen Hochrechnungen von NABU zufolge sterben allein in Deutschland jedes Jahr etwa 100 Millionen Vögel durch die Kollision mit Glasscheiben an Fenstern von Wohnhäusern oder Wintergärten, an Glasfassaden und -elementen von Bürogebäuden, Wartehäuschen und an verglasten Schallschutzwänden. Grund ist ein tödlicher Irrtum, denn Vögel erkennen Glasflächen oft nicht als Hindernis – sie sehen nur die Landschaft, die durch das Glas scheint oder sich darin spiegelt. Sie prallen mit hoher Geschwindigkeit gegen die gläsernen Fronten, verenden entweder unmittelbar nach der Kollision oder sterben später an der

Verletzung oder werden leichte Beute für Fressfeinde. Dabei kann Glas in jeder Höhe eine Gefahr darstellen, da verschiedene Vogelarten unterschiedliche Flughöhen bevorzugen. Auch kleine Glasflächen oder Fenster können insbesondere durch Spiegelungen natürlicher Grünstrukturen eine Gefahr für Vögel darstellen.

Folgende Faktoren machen eine Glasscheibe zu einer oft tödlichen Gefahr für Vögel:
Durchsicht: Dabei blockiert eine Glasscheibe einen scheinbar freien Flugweg. So wird zum Beispiel bei Häusern mit Verglasungen über Eck eine Durchflugsmöglichkeit suggeriert. Dies ist auch bei verglasten Bushaltestellen oder Lärmschutzwänden der Fall.
Spiegelung: Vögel sehen bei spiegelnden Glasfronten die Umgebung, also die Vegetation oder den freien Himmel vor der Glasfront, und versuchen, dorthin zu fliegen.
Beleuchtung: Bei Dunkelheit werden vor allem nachts ziehende Vögel von den Lichtern hinter Glasscheiben angezogen, ohne diese erkennen zu können.

Vogelschutz
im Garten

Der immense Flächenverbrauch der Städte und
Gemeinden und die zunehmende Intensivierung
der Landwirtschaft lassen immer mehr arten-
reiche Lebensräume verschwinden. Die zwangs-
läufige Folge ist auch der Rückgang ihrer
tierischen Bewohner, die oftmals eng an ganz
bestimmte Pflanzenarten angepasst sind.
Deshalb leistet die Anlage eines Naturgartens
einen wertvollen individuellen Beitrag zum
Erhalt der ökologischen Vielfalt und schafft ein
Refugium für Tiere und Pflanzen aller Art.

Lebensraum naturnaher Garten

Ein naturnah gestalteter Garten orientiert sich an den Vorbildern in der Natur und basiert auf der Schonung natürlicher Ressourcen. Dabei kommt es nicht auf die Größe der zur Verfügung stehenden Fläche an, sondern nur auf die Art und Weise, wie sie bepflanzt, gestaltet und gepflegt wird.

Vorrang haben einheimische, langlebige Pflanzen, auf den Einsatz von Chemie wird gänzlich verzichtet. Insbesondere Sträucher mit Beeren, Obst oder Wildblumensamen sind begehrte Futterquellen für Vögel. Blumen, Stauden und Gräser ziehen Insekten an, die wiederum Nahrungsquelle für die Vögel sind und vor allem den Vogeljungen als eiweißreiches Futter dienen. Ziel eines Naturgartens ist es, möglichst viele miteinander verbundene Lebensbereiche zu schaffen. Denn will man Vögeln einen Lebensraum bieten, reicht es nicht aus, einen Nistkasten aufzuhängen, ohne für Insekten und Bodenlebewesen Nahrung, sichere Verstecke und Wasser bereitzustellen. Charakteristisch für den Naturgarten sind Wildsträucher, Wildblumenwiesen, »wilde Ecken« und ein Naturteich.

Eine Vogelschutzhecke pflanzen

Wer Vögel in den Garten locken und sie beobachten will, sollte nur heimische Sträucher pflanzen. Fremdländische und exotische Ziergehölze haben für heimische Tierarten kaum ökologischen Wert. Eine Hecke aus blütenreichen, Früchte tragenden Wildsträuchern ist ein optimaler Lebensraum für Insekten, Vögel und Kleintiere, auf Vögel wirken sie wie ein Magnet. Obst- und Wildsträucher mit Dornen oder spitzen Blättern bieten ihnen zudem Schutz und Deckung vor natürlichen Feinden wie Katzen, Mardern und Raubvögeln.

Die dornige Hecke des Weißdorns bietet kleineren Vogelarten Schutz vor Fressfeinden und somit einen idealen Nistplatz. Im Mai ziehen die Blüten eine Vielzahl von Insekten an. Im August verwandeln sie sich in rote Beeren und dienen den Vögeln im Herbst und Winter als Nahrungsquelle.

Die roten Früchte der Eberesche, auch Vogelbeere genannt, lieben vor allem Amseln, Stare und Seidenschwänze – allerdings erst, wenn die Beeren den ersten Frost abbekommen haben. Denn dann wird die

bittere Parasorbinsäure in Sorbinsäure umgewandelt und die Früchte schmecken süß.

Weißdorn

In den dicht verzweigten Dornen der Berberitze finden nistende Vögel perfekten Schutz vor Feinden. Im Mai ziehen die gelben Blüten Insekten an, die im Spätsommer reifenden roten Beeren sind Winterfutter für Vögel.

Efeu ist eine beliebte Nist- und Brutstätte für Grünfinken, Haussperlinge und Amseln. Die gelbgrünen Blüten werden von vielen Insekten besucht. Nach dem Verblühen verwandeln sie sich in blauschwarze Beeren und versorgen die Vögel im Winter.

Die weißen Blüten des Schwarzen Holunders erfüllen im Juni und Juli mit ihrem Duft den Garten und sind Nahrungsquelle für Bienen und andere Insekten. Die danach reifenden blauen Beeren werden gerne von den Vögeln verzehrt.

Der dicht verzweigte Liguster ist für Vögel ein beliebter Nist- und Brutplatz, da die grünen Blätter erst im Frühjahr vollständig von den Bäumen fallen und direkt nachwachsen. Im Juni und Juli erfreuen sich Insekten an den weißen Blüten, ab September bilden sie schwarze Beeren aus und dienen der Vogelnahrung.

Mit der Zeit werden zahlreiche Bodentriebe eine dichte Hecke wachsen lassen, die ein idealer Schutzraum für Vögel ist. Ein auch in der Natur selten gewordenes Element einer naturnahen Hecke ist der »Krautsaum«, der unter den Büschen liegt und den Übergangsbereich zur angrenzenden Grünfläche bildet. Hier leben zahlreiche Insekten und Bodenwürmer, eine wunderbare Futterquelle für die Vögel. Deshalb lässt man Gras und »Unkraut« unter der Hecke wachsen und anfallendes Laub direkt an Ort und Stelle kompostieren.

Wildblumenwiese statt Einheitsrasen

Eine Wildblumenwiese bringt nicht nur ein buntes Blütenmeer in den Garten, auf ihr herrscht ein lebhaftes Insektentreiben. Sie lässt sich relativ einfach anlegen und pflegen, muss kaum gewässert und lediglich zwei Mal im Jahr gemäht werden – am besten im Juni und September oder im Juli und Oktober. Von der Fläche des gewählten Platzes hängt die Menge des Saatguts ab. Hier eignen sich spezielle Wildblumenmischungen mit Samen aus heimischen Blumensorten. Diese gedeihen

Blumenwiese

am besten und sind eine ideale Nahrungsquelle für Insekten. Man kann aber auch im Spätsommer Samenkapseln von wilden Blumen am Wegesrand einsammeln und dazustreuen. Auf diese Weise etabliert sich mit der Zeit eine robuste Artenvielfalt, die mit dem regionalen Klima gut zurechtkommt. Idealerweise sollten die Samen so gemischt sein, dass vom Frühjahr bis in den Herbst hinein für ein ausreichendes Nahrungsangebot gesorgt ist. Vom Nährstoffgehalt des Bodens hängt es ab, ob sich die Blumenwiese auch gut entwickelt. Die beste Zeit für die Aussaat ist im Frühjahr und Herbst. Die meisten Wildblumen und -kräuter entfalten sich auf magerem Boden, im Zweifel kann man die Erde mit etwas Sand vermischen. Bis sich eine Wildblumenwiese in ihrer bunten Vielfalt entwickelt hat, ist eine gewisse Anlaufzeit nötig und der Gärtner muss sich in Geduld üben. Bei wenig Platz lässt sich auch eine kleine Blumeninsel im Rasen anlegen.

Unordnung zulassen

Im Naturgarten sollte es »unaufgeräumte« Plätze geben, die sich völlig frei entwickeln und nicht regelmäßig gepflegt werden, zum Beispiel hinter einem Kompost- oder Reisighaufen. Dort lagert man Schnittgut und Laub oder errichtet in einem sonnigen Winkel einen Steinhaufen. Hier wächst vor allem die Brennnessel gut, eine wichtige Futterpflanze für Schmetterlinge und ein Versteck für Spinnen und Laufkäfer. Vor allem alte Bäume bieten mit ihrer knorrigen Rinde und den Astlöchern eine Futterquelle sowie Nist- und Brutraum für Höhlenbrüter, selbst dann noch, wenn der Baum bereits abgestorben ist. Muss er eines Tages gefällt werden, kann man das wertvolle Totholz in einer schattigen Ecke des Gartens lagern

Totholzhaufen

und einen neuen Lebensbereich für viele Tiere schaffen. Für einen Totholzstapel eignen sich ein alter Baumstamm, knorrige Äste oder Zweige, Laub und vertrockneter Pflanzenschnitt. Mit der Zeit wird das Holz von Pilzen, Flechten und Insekten besiedelt. Dadurch sammelt sich am Boden Mulm, der wiederum ideal für den Komposthaufen geeignet ist.

Ein Feuchtbiotop anlegen

Ein Naturteich im Garten ist eine ökologische Bereicherung der besonderen Art und für Vögel ein beliebter Treffpunkt, an dem sie Wasser trinken und baden können. Er sollte halbschattig, aber nicht direkt unter Bäumen angelegt werden. Bei ausreichend Platz gilt: je größer, desto besser. Denn in größeren Teichen lässt sich die Wasserqualität leichter dauerhaft stabil halten. Das ist vor allem im Sommer wichtig, da sonst die Gefahr von Sauerstoffmangel entsteht. Im Winter dagegen können kleine Gewässer völlig zufrieren. Bei der Anlage muss man darauf achten, dass der Teich unterschiedliche Tiefen hat: Ein Tiefwasserbereich von 80–100 cm, ein Flachwasserbereich von 20–30 cm sowie flache Uferzonen sorgen für eine gesunde Artenzusammensetzung. In den Flachwasserbereichen spielt sich im Sommer das Leben ab. Hier nutzen Insekten, Vögel und andere Kleintiere den Teich als Wasserquelle, Amphibien können ans Ufer klettern und auf die Jagd gehen. Im Tiefwasser überwintern Insektenlarven und Amphibien. Im Naturteich sollte auf Teichfolie verzichtet werden, zur Abdichtung bieten sich Lehm und Ton an. Das erfordert zwar einen höheren Naturteich Arbeitsaufwand, sorgt aber für ein besseres ökologisches Gleichgewicht.

Wenn dann noch die Uferbereiche üppig bepflanzt werden, entsteht aus dem Gartenteich ein perfektes Feuchtbiotop.

Pflege im Naturgarten

Im Naturgarten wird das meiste der Natur überlassen. Der Leitgedanke des Naturgärtners ist es, mit der Natur, nicht gegen sie zu arbeiten. Er wirtschaftet natur- und umweltbewusst, hat Geduld und ist experimentierfreudig. Damit es lange blüht und gedeiht, sind aber auch hier einige Pflegemaßnahmen nötig.

- Grundsätzlich wird auf chemische Produkte verzichtet, Schädlinge lassen sich auch durch natürliche Feinde wie Marienkäfer und Igel bekämpfen. Mechanische Mittel (Hacken und Absammeln) sowie natürliche Stärkungsmittel aus Jauchen, kombiniert mit organischem Dünger reichen in der Regel zur Schädlingsbekämpfung und Pflanzenstärkung aus.

- Man verzichtet auf Torf und setzt zur Bodenverbesserung Kompost ein. Auch beim Kauf von Blumen- und Pflanzenerde ist auf torffreie Produkte zu achten.
- Es ist günstiger, Laub liegen zu lassen, anstatt es zusammenzurechen. Es hält die Feuchtigkeit im Boden, führt ihm Nährstoffe zu und bietet Lebensraum für Kleintiere.
- Mulch bildet einen schützenden Mantel und vermindert die Unkrautbildung. Zudem schützt er vor starken Witterungseinflüssen und liefert organisches Material, das ideal zum Düngen für Staudenbeete ist.
- Zur Bewässerung sind einheimische Pflanzen in der Regel mit dem Regenwasser zufrieden. Nur in besonders trockenen Perioden müssen sie zusätzlich gewässert werden.

Für Nisthilfen sorgen

Da natürliche Brutmöglichkeiten für höhlenbrütende Vögel Mangelware geworden sind, lässt sich die »Wohnungsnot« durch Aufhängen von Nistkästen im Garten entscheidend lindern. Sie können zwar die natürlichen Schlupfwinkel wie Spechthöhlen, ausgefaulte Astlöcher oder Rindenspalten nicht ersetzen, bieten jedoch vielfach die einzige Chance, manche Arten zum Brüten in den Garten zu locken und dadurch auch zu ihrem Überleben beizutragen.

Nistkästen bauen und anbringen

Nistkästen sind für Höhlenbrüter gedacht und können das ganze Jahr über angebracht werden. In Gärten genügt es, sie über Kopfhöhe an Bäumen, Masten, Stangen oder Gebäudewänden aufzuhängen, idealerweise sollte der Abstand zum Boden mindestens 3 m betragen. Das Flugloch sollte nicht zur Wetterseite (meist Westen) gerichtet sein, es sei denn, der Kasten befindet sich an einer geschützten Stelle unter

Nistkästen für
Höhlenbrüter

ausladenden Ästen oder unter einem Dachvorsprung. Der Flugloch-
Durchmesser ist entscheidend für die Akzeptanz der Nisthilfe. Kleine
Meisenarten (Tannen- und Blaumeise) benötigen 26–28 mm, Kohlmei-
se, Trauerschnäpper und Kleiber 32 mm, der Star schlüpft am liebsten
in einen Kasten mit 46 mm Fluglochweite. Die Grundfläche für kleinere
Höhlenbrüter beträgt mindestens 15x15 cm.

Halbhöhlenbrüter-
Kasten

Einen Höhlenbrüterkasten bauen

Höhlenbrüter nutzen je nach Art entweder bereits vorhandene Höhlen,
zum Beispiel hohle Bäumen, Felsspalten, Mauerlöcher und Erdhöhlen
oder legen eigene Höhlen an. Zu diesen Vogelarten gehören neben vielen anderen Kohl-, Blau- und Tannenmeise, Kleiber, Star, Haus- und Feldsperling und Trauerschnäpper.

Dafür empfehlen sich unbehandelte, 2 cm starke Fichten- oder
Tannenholzbretter, die in jedem Baumarkt erhältlich sind. Mit 25 Nä-
geln (4–5 cm lang) werden die Einzelteile verbunden. Für den Bau sind
weiterhin nötig Hammer, Schleifpapier, Holzbohrer, Raspel, Bleistift und
Stichsäge.

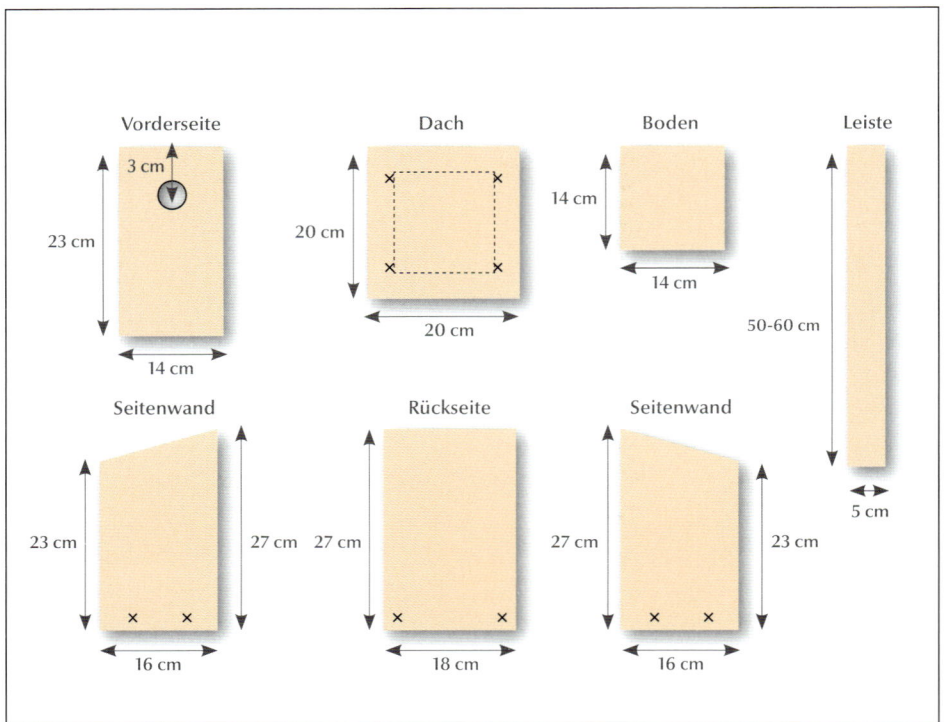

Vorderseite

3 cm

23 cm

14 cm

Dach

20 cm

20 cm

Boden

14 cm

14 cm

Leiste

50-60 cm

5 cm

Seitenwand

23 cm

27 cm

16 cm

Rückseite

27 cm

18 cm

Seitenwand

27 cm

23 cm

16 cm

Bauplan Meisenkasten

- Zuerst werden die Bretter auf die im Bauplan angegebenen Maße zurechtgeschnitten. Dafür zeichnet man die Silhouetten mit einem Bleistift vor und sägt sie dann mit der Stichsäge aus.
- Anschließend werden die Außen- und Innenseiten der Bretter aufgeraut, damit die Jungvögel später besser das Nest verlassen können. Es ist ratsam, den Kasten einmal ohne Nägel zusammenzusetzen, um zu überprüfen, ob alle Teile wirklich zueinander passen.
- Nun zeichnet man das Einflugloch (mit dem gewünschten Durchmesser) auf und bohrt es in die Vorderwand. Diese wird nur an den oberen Enden an den Seitenwänden festgenagelt, sodass sich die Wand nach oben klappen lässt (um den Kasten reinigen zu können).
- Dann vernagelt man die Seitenwände und die Rückwand mit dem Boden, anschließend wird die Decke aufgesetzt; unbedingt nochmals überprüfen, ob sich die Vorderwand nach oben klappen lässt und nicht vom Dach blockiert wird.
- Die Leiste zum Aufhängen des Kastens bringt man mittig auf der Rückseite an. Der Kasten sollte 3–4 m über dem Boden aufgehängt.

Nistkasten für Halbhöhlenbrüter

Während viele Vogelarten vorwiegend in geschlossenen Nistkästen brüten, bevorzugen zum Beispiel Gartenrotschwanz, Hausrotschwanz, Rotkehlchen und Grauschnäpper einen halb offenen Nistkasten (Halbhöhlen), da sie beim Brüten und bei der Aufzucht ihres Nachwuchses die Umgebung immer gut im Auge behalten wollen. Für diese Halbhöhlen- oder Nischenbrüter hängt man Halbhöhlen-Nistkästen an windgeschützten und ruhigen Plätzen, in etwa 3 m Höhe (nicht höher) auf. Der große, offene Eingang muss vor Wettereinflüssen wie Regen und direktem Sonnenlicht geschützt sein. Halbhöhlen-Nistkästen lassen sich gut direkt unter dem Hausdach in Nischen, Winkeln und unter Vorsprüngen anbringen. Sie sollten häufiger gereinigt werden, da Halbhöhlen-Brüter oft mehrmals im Jahr brüten.

Vögel brauchen aber nicht nur einen sicheren Platz für das Gelege und die Jungen, sondern auch das passende Nistmaterial. Die meisten Gartenvögel-Arten verwenden vorwiegend trockene Pflanzenteile wie Äste, Wurzeln, Halme, Stängel, Blätter oder Moos. Auch kommen häufig Federn, Haare oder Wolle zum Auspolstern des Nests zum Einsatz. Die meisten Nistmaterialien finden Vögeln auch im Garten, in dem der Mensch etwas Unordnung zulässt.

Haussperling

Blaumeise

Nisthilfen für freibrütende Vögel

Auch in einem naturnahen Garten müssen von Zeit zu Zeit die Pflanzen gestutzt werden. Schnittgut von Sträuchern, Hecken oder Bäumen sollte man aber nicht häckseln. Während es langsam verrottet und dabei Nährstoffe freigibt, dient es einer Reihe von Tieren als sicherer Unterschlupf. Einige Vögel sind darauf spezialisiert, im toten Unterholz zu leben und ihren Nachwuchs großzuziehen. In Haufen aus Zweigen und Ästen unterschiedlicher Dicke schläft das Rotkehlchen, brütet und sucht nach Nahrung. Reisighaufen dienen aber auch Amseln und anderen Vögeln als Zufluchtsstätte, wenn sich ihnen Fressfeinde, zum Beispiel Katzen, nähern. Vor allem Jungvögel, die ihr Nest zwar bereits verlassen haben, aber noch von den Eltern am Boden gefüttert werden, suchen hier Schutz. Lässt man den Reisighaufen mit stacheligen Gewächsen wie einer Wildrose oder einem Brombeerstrauch überwuchern, ergibt sich ein besonderer Schutz- und Lebensraum. Wird der Haufen im Laufe der Zeit zu groß, darf man ihn auf keinen Fall während der Brutsaison verkleinern oder abtragen!

Reisighaufen

»Verwaiste« Jungvögel nicht aufnehmen

Junge Amsel

Im späten Frühjahr oder Sommer ist manchmal im Garten ein scheinbar verlassener Jungvogel zu finden. Dann darf man keinesfalls voreilig handeln, sondern sollte erst einmal sicherstellen, ob das Findelkind tatsächlich verwaist ist. Denn die Jungen vieler Vogelarten verlassen oft schon das Nest, ehe sie richtig fliegen können. Sie warten dann am Boden in sicherer Deckung auf die futterbringenden Eltern und teilen ihnen durch arttypische Bettelrufe ihren Standort mit. Deshalb beobachtet man das Junge zunächst einige Zeit. Sitzt es an einer ungeschützten Stelle, bringt man es vorsichtig in die Deckung einer Hecke oder eines Strauchs und wartet in einiger Entfernung, ob es gefüttert wird. Tauchen die Vogeleltern nach 2–3 Stunden nicht auf, wurde das Junge tatsächlich verlassen und braucht Hilfe. Dieser Fall ist jedoch die Ausnahme, denn die meisten Findelkinder wurden nicht verlassen, sie können nur noch nicht so gut fliegen. Da die Aufzucht eines Jungvogels große Sachkenntnis erfordert, bringt man ihn deshalb möglichst schnell in eine anerkannte Auffangstation oder Vogelpflegestation. Adressen können bei den Gruppen des NABU, den Naturschutzbehörden der Landkreise und kreisfreien Städte, Zoologischen Gärten oder auch bei Tierärzten oder Tierschutzvereinen erfragt werden.

Vögel brauchen Wasser

Wenn es im Garten keinen Platz und geeignete Voraussetzungen für die Anlage eines Naturteichs gibt, kann auch eine Vogeltränke dafür sorgen, dass die gefiederten Gäste immer mit frischem Wasser versorgt sind. In der Regel spricht sich unter ihnen auch die Wasserquelle schnell herum und lockt viele Vögel an. Vor allem in heißen, trockenen Sommern ist das Angebot einer Tränke und Badestelle für sie eine existenzielle Hilfe. Der Gartenfachhandel bietet eine große Auswahl an Vogeltränken und -bädern an. Es gibt Tränken aus Naturstein und Metall, auch in der Form kann man zwischen unterschiedlichen Modellen wählen.

Darüber hinaus lässt sich eine Vogeltränke auch selber bauen, im Internet finden sich dazu zahlreiche Anleitungen. Eine gute Vogeltränke sollte einen flachen Rand haben, damit die Vögel dort landen können, um sich dem Wasser langsam anzunähern. Damit alle Vögel von ihr pro-

fitieren, muss sie vom Rand zur Mitte hin tiefer werden. Für kleine Vögel reicht eine Tiefe von 2,5–5 cm, für größere Vögel darf es in der Mitte bis 10 cm Wassertiefe sein. Idealerweise ist der Boden etwas aufgeraut, damit die Tiere beim Trinken und Baden einen sicheren Halt haben und nicht wegrutschen. Man kann auch in die Mitte einen großen Stein als zusätzlichen »Landeplatz« setzen.

Vögel nehmen in der Regel eine Tränke nur an, wenn sie sich dort auch sicher fühlen und die Umgebung für sie gut einsehbar ist. Eine Hecke oder ein größeres Gebüsch sollten 2–3 m entfernt sein, sodass sich Katzen nicht direkt neben der Tränke verstecken können. Mit genügend Freiraum ist für die gefiederten Badegäste eine Bedrohung früh zu erkennen. Stellt man die Tränke erhöht auf, haben sie ebenfalls einen guten Überblick und sind für Räuber schwerer zu erreichen. Da Vögel mit nassem Gefieder nur schlecht fliegen können, sollte es in der Nähe einen höher gelegenen Fluchtort geben, zum Beispiel einen Baum, den sie schnell anfliegen können, wenn Gefahr droht. Er bietet einen wichtigen Rückzugsort und Platz, an dem sie sich nach dem Bad putzen. Darüber hinaus spendet ein Baum dem Standort der Tränke Schatten, denn sie darf nicht den ganzen Tag in der prallen Sonne stehen.

Vogeltränke reinigen

Da Gartenvögel die Tränke nicht nur zum Trinken, sondern auch zum Baden benutzen, ist es wichtig, sie sauber zu halten. Im stehenden Wasser sammeln sich schnell Dreck und Pflanzenreste an. Wird die Tränke nicht regelmäßig gereinigt, finden sich im schmutzigen Wasser schnell Krankheitserreger und Parasiten ein, mit denen sich die Vögel infizieren können, was für sie meist tödlich endet. Durch den regelmäßigen Wasseraustausch kann die Vogeltränke auch nicht zur Brutstätte für Stechmücken werden. Das Wasser sollte also regelmäßig (einmal pro Woche) ausgetauscht und das Gefäß mit heißem Wasser und einer Bürste (ohne chemisches Reinigungsmittel!) gesäubert werden. An heißen Tagen muss der Wasserwechsel täglich erfolgen. Neben einer Vogeltränke lässt sich im Garten auch ein Sandbad aufstellen. Dazu füllt man einfach genügend Quarzsand in eine Schale. Auch von den Vögeln nicht angenommene Tränken lassen sich zu einem Sandbad umfunktionieren und erfüllen doch noch einen Zweck. Denn viele Vogelarten benutzen gerne einen Sandhaufen, um ihr Gefieder von Parasiten zu befreien.

Vogelfütterung pro und contra

Sinken im Herbst die Temperaturen, überlegen sich Tierfreunde, ob den bei uns überwinternden Vögeln bei ihrer Futtersuche geholfen werden muss. Hierzu gibt es unterschiedliche Argumente, die man überprüfen und abwägen sollte.

Die Gegner sehen in der Fütterung einen unkontrollierten Eingriff in den Ablauf der Natur, der den natürlichen Ausleseprozess verhindert, wenn schwache oder kranke Vögel durch den Winter gebracht werden, obwohl die Natur dies nicht vorgesehen hat. Es stellt sich nämlich die Frage, ob bei immer milderen Wintern ohne Schnee und Eis eine traditionelle Winterfütterung noch sinnvoll ist. Doch unabhängig von der Jahreszeit ist festzustellen, dass in Dörfern und Städten kaum mehr als 10–15 Vogelarten (Meisen, Amseln, Finken, Rotkehlchen) von der Fütterung profitieren. Sie unterstützt also nur Vogelarten, deren Bestand ohnehin nicht gefährdet ist und die nicht im Mittelpunkt notwendiger Schutzmaßnahmen stehen.

ℹ TIPPS zur Wintervogelfütterung:
www.nabu.de/wintervogelfuetterung

NABU

Winterliche Snackbar
Wer frisst was?

Das Füttern von Vögeln im Winter ist nicht nur ein Naturerlebnis, sondern vermittelt obendrein Artenkenntnisse. Die meisten engagierten Vogelschützer haben einmal als begeisterte Beobachter am winterlichen Futterhäuschen begonnen. Doch was eignet sich als Vogelfutter? Und welche Art bevorzugt welches Futter?

Eichelhäher
ganze Erdnüsse,
Maiskörner, Eicheln

Blaumeise
Sonnenblumenkerne,
gehackte Erdnüsse
u.a. Nüsse

Grünspecht
Äpfel, Fett,
gefettete Erdnüsse
(Fettblock mit Erdnüssen
oder Mehlwürmern)

Elster
ganze Erdnüsse,
Maiskörner

Rotkehlchen
gehackte Nüsse,
Getreideflocken,
Mehlwürmer,
Rosinen in Kokosfett/Talg

Kohlmeise
gehackte Nüsse,
Sonnenblumenkerne

Haussperling
Allesfresser,
gehackte Nüsse,
Fettfutter, Rosinen,
getrocknete Beeren

Grünfink
gehackte Nüsse,
ölhaltige Samen (Hanf & Mohn),
Sonnenblumenkerne

Feldsperling
Allesfresser,
gehackte Nüsse, Samen,
Fettfutter, Rosinen,
getrocknete Beeren

Stieglitz
gehackte Nüsse,
ölhaltige Samen (Hanf & Mohn),
Sonnenblumenkerne,
Samen abgeblühter Stauden

Buchfink
Sonnenblumenkerne,
gehackte Erdnüsse u.a. Nüsse,
ölhaltige Samen (Hanf),
Bucheckern

Amsel
Äpfel, Rosinen, Haferflocken,
gehackte Nüsse, Mehlwürmer,
geschälte Sonnenblumenkerne,
getrocknete Beeren

Kleiber
Getreideflocken, Hanf,
Nüsse (Haselnuss),
Sonnenblumenkerne

Die Befürworter halten dagegen, dass die Umweltbedingungen für unsere Vögel bereits schlecht genug sind, sodass es auf den Schutz jedes einzelnen Tieres ankäme. In Gebieten, in denen infolge zunehmender Intensivierung der Landwirtschaft, die Nahrung immer knapper wird, finden die Vögel auch in der warmen Jahreszeit weniger Futter als früher. Unmengen von Pestiziden, die sowohl von den Landwirten als auch von vielen Gärtnern versprüht werden, haben die Anzahl der Wildkräuter, damit der Insekten und in der Folge das Futterangebot für Vögel drastisch verringert. Angesichts dieser Umstände könne von einem »natürlichen Ausleseprozess« durch einen harten Winter kaum noch gesprochen werden. Vielmehr sollte man den Vögeln schon lange vor dem Wintereinbruch die Möglichkeit geben, ihre Futterstellen zu entdecken. Da die natürlichen Futterquellen im zeitigen Frühjahr nahezu erschöpft sind, raten Befürworter dazu, die Fütterungsdauer bis in die Brutzeit hinein zu verlängern.

Vögel auch im Sommer füttern?

Deshalb empfehlen einige Ornithologen, Gartenvögeln auch im Sommer mit artgerechtem Futter zu helfen. Diese Empfehlung ist sehr umstritten, denn der Vogelschwund hat vielfältige Ursachen, eine ganzjährige Fütterung kann positive wie negative Auswirkungen haben. Experten von NABU (Naturschutzbund Deutschland) lehnen eine Ganzjahresfütterung zwar nicht grundsätzlich ab, halten sie aber für kein geeignetes Mittel gegen den Artenschwund. Körnerfutter kann das Fehlen von Insektennahrung zur Jungenaufzucht und Versorgung rein insektenfressender Altvögel nicht ausgleichen. Deshalb sollte man bei einer Ganzjahresfütterung auch Futterinsekten anbieten. Mit dem Angebot von hochwertigem Körnerfutter kann man aber jenen Vogelarten einen Vorteil verschaffen, bei denen sich die Altvögel im Winter gänzlich und im Sommer teilweise von Körnern ernähren, ihre Jungen aber mit Insekten füttern zum Beispiel Finken und Sperlinge. So können die Altvögel selber das Körnerfutter nutzen und dadurch mehr Zeit und Energie in die Insektensuche für ihren Nachwuchs investieren.

Futterstellen im Garten einrichten

Im Herbst machen sich viele Gartenbesitzer ans Aufräumen. Doch zu viel Ordnungsliebe kann für die Vögel von Nachteil sein. Denn zur Erhaltung der Artenvielfalt sollte der Garten auch im Winter natürliche Nahrungsquellen bieten. Deshalb ist es wichtig, dass Gartenstauden nicht geschnitten werden. In hohlen Stängeln, Blattachseln und Blütenresten überwintern viele Insekten, von denen sich Weichfresser wie Rotkehlchen, Kleinspechte und Zaunkönige ernähren. Die Samenstände der Stauden sind Nahrungsquelle für Körnerfresser wie Finken und Zeisige.

Der beste Platz

Ist genügend Platz vorhanden, sollte man unbedingt mehrere Futterplätze einrichten. Sie müssen so platziert sein, dass die Vögel sie leicht finden können und gleichzeitig vor Feinden sicher sind. Denn sie brauchen einen guten Rundumblick, um nicht von einer Katze oder einem Sperber beim Fressen überrascht zu werden sowie Deckung in der Nähe, damit sie notfalls fliehen können. Das Futter darf auch bei starkem Regen, Schnee und Wind nicht durchnässt werden, da es sonst verdirbt. Sehr gut bewährt haben sich Futtersäulen aus Plexiglas, die bei verschiedenen Anbietern erhältlich sind. Aufgrund ihrer speziellen Konstruktion gewährleisten sie eine größtmögliche Hygiene und bieten dank der kleinen, seitlich befestigten Sitzstege den weniger klettergewandten Vogelarten sicheren Halt. Zudem kann man immer genau sehen, wie viel Futter sich noch in der Säule befindet. Futtersäulen lassen sich leicht hängend anbringen, die auf ihnen sitzenden Vögel sind für Katzen nicht leicht zu erwischen. Die Säulen kann man problemlos reinigen, weil die Vögel nur äußerst selten die versetzt zueinander angebrachten Sitzstege bekoten, das Futter kommt so nicht mit Vogelkot in Kontakt. Der

Futterholz mit Kohlmeise

Gartenfachhandel bietet eine Vielzahl an Futterspendern, auch speziell für bestimmte Vogelarten an.

Blaumeise am Meisenring

Das richtige Futter

Unsere heimischen Wildvögel lassen sich grob einteilen in Körnerfresser, Weichfutterfresser und Allesfresser. Als Basisfutter, das von fast allen Arten gefressen wird, eignen sich Sonnenblumenkerne. Freiland-Futtermischungen enthalten zusätzlich andere Samen unterschiedlicher Größe. Die häufigsten Körnerfresser an der Futterstelle sind Meisen, Finken und Sperlinge. Bei uns überwintern daneben auch Weichfutterfresser wie Rotkehlchen, Heckenbraunelle, Amsel oder Zaunkönig. Für sie kann man Rosinen, Obst, Haferflocken und Kleie auch in Bodennähe anbieten, es gibt spezielle Bodenfutterspender, die sich dafür eignen. Insbesondere Meisen lieben auch Gemische aus Fett, Nüssen und Samen, die man selbst herstellen oder als Meisenknödel kaufen kann.

Fettfutter selber machen

Ein beliebtes Vogelfutter ist ein Gemisch aus zwei Teilen Rindertalg bzw. Pflanzenfett und einem Teil Samenmischung.

- Rindertalg am besten in einer Konservendose im Wasserbad erhitzen
- Samen, Futtermischung, Sonnenblumenkerne und/oder Trockenfrüchte untermischen
- Damit die Masse auch bei Kälte nicht hart oder brüchig wird, einen Schuss Salatöl zugeben.
- Warten bis der Futterbrei zähflüssig wird und anfängt fest zu werden.
- In Futterglocken oder ausgehölte Astscheiben füllen.
- Nimmt man 5–6 Teile Talg auf 1 Teil Weizenkleie, lässt sich die gießfähige Masse für Schwanzmeisen und Spechte auf die rissige Rinde alter Bäume streichen.

In einer luftdichten Dose im Kühlschrank aufbewahrt, bleibt Fettfutter rund eine Woche frisch. Es lässt sich auch einfrieren, dann hält es sich einige Monate, muss aber unbedingt vor dem Verfüttern ganz aufgetaut sein. Die Zutaten für die Herstellung des Fettfutters müssen immer einwandfrei sein. Ranziges Fett oder alte Getreideflocken können bei Wildvögeln zu schweren Verdauungsstörungen mit Todesfolge führen.

Futtermittel

Darüber hinaus muss das Futtergefäß täglich unter heißem Wasser gründlich gereinigt werden. Alte Fettreste, die am Gefäß haften, verursachen sonst die oben beschriebenen Gesundheitsbeschwerden.

Dieses selbst zubereitete Futter wird in der Regel von den Vögeln ausgesprochen gerne angenommen und man wird höchstwahrscheinlich im Garten ein gut besuchtes Vogelrestaurant haben.

Gemeinsam gegen den Artenschwund

Im ersten Kapitel des Buches wurde den vielfältigen Ursachen des Artensterbens sowohl der Insekten als auch der Singvögel nachgegangen und festgestellt, dass dafür maßgeblich die stetige Intensivierung der konventionellen Landwirtschaft verantwortlich ist.

Ökologischer Landbau

Der Naturschutz versucht schon lange, dieser Entwicklung entgegenzusteuern und setzt sich mit Nachdruck für die Förderung des ökologischen Landbaus ein, dessen Leitgedanke ein Wirtschaften im Einklang mit der Natur ist. Zur Produktion gesunder Lebensmittel wird dabei ein möglichst geschlossener Betriebskreislauf angestrebt und versucht, Belastungen von Boden, Wasser und Luft bei der Bewirtschaftung wei-

Rapsfelder

testgehend zu vermeiden. Für die Weiterentwicklung des ökologischen Landbaus im Sinne einer naturverträglichen und naturentwickelnden Landwirtschaft ist entscheidend, dass viele Menschen die Landwirte bei der Umsetzung solcher Ziele unterstützen und fördern und zwar mit ihrer bewussten Kaufentscheidung für naturgerecht produzierte Lebensmittel aus kontrolliert biologischem Anbau. Naturschutzgruppen können durch den Erhalt oder Wiederaufbau lokaler Verarbeitungseinrichtungen (Kleinschlachthöfe, Molkereien, Keltereien) oder entsprechende Vermarktungsaktivitäten (Streuobst-Produkte, Heide-Lämmer, Naturschutz-Milch) zur Stärkung einer umweltbewussten Landwirtschaft beitragen. Wer darüber hinaus aktiv werden möchte: Vielleicht gibt es in der Nähe einen Bio-Bauernhof, der sich über Hilfe beim Anlegen eines Tümpels freut, oder eine Schulklasse, die die Patenschaft für eine neu gepflanzte Wildstrauchhecke oder einen bunten Acker-Blühstreifen übernimmt.

Sielmanns Naturlandschaften und Biotopverbünde

Lebensräume für bedrohte Tier- und Pflanzenarten zu bewahren, ist eine der größten Herausforderungen heutiger Naturschutzarbeit. Landkreise, Städte und Gemeinden sowie private Flächeneigentümer sind wichtige Akteure bei der Umsetzung von langfristigen und nachhaltig wirksamen Naturschutzprojekten.

Nach diesem Motto baut die Heinz Sielmann Stiftung seit 2004 erfolgreich ein Netz von neuen Lebensräumen für Tiere und Pflanzen im Biotopverbund Bodensee auf. Möglichst engmaschig soll es werden, damit sich Tier- und Pflanzenbestände erholen und verschwundene Arten zurückkehren können. Über 131 Biotopbausteine an 44 Standorten konnten bereits gemeinsam mit Städten und Gemeinden geschaffen werden, darunter vor allem neu angelegte Stillgewässer, aufgewertete Streuobstwiesen und extensive Weideprojekte. Innerhalb kürzester Zeit besiedelten zahlreiche Vogelarten, Amphibien, Tagfalter und Libellen die neu geschaffenen Biotope.

Der erste Baustein des Biotopverbunds war der Heinz-Sielmann-Weiher bei Owingen-Billafingen. Die Lage dieses Biotops als Projektkulisse war kein Zufall. Zu Beginn des Projekts 2004 koordinierte Prof. Dr. Peter Berthold, Ornithologe und Direktor des Max-Planck-Institutes in Radolfzell, die Maßnahmen, er lebte damals in Billafingen. Unterstützung bekam er von vielen ehrenamtlichen Mitarbeitern, die sich in einer Lenkungsgruppe organisiert hatten. In der frühen Planungsphase wandte er sich wegen der Finanzierung an Heinz Sielmann. Dieser war von der Grundidee der Renaturierung spontan begeistert und sagte die Unterstützung durch seine Stiftung zu. Seit 2012 kümmert sich das Projektbüro der Heinz Sielmann Stiftung in Stockach um den Biotopverbund und führt damit die ursprüngliche Idee von Peter Berthold und Heinz Sielmann wirksam und erfolgreich weiter.

Ein Netz des Lebens für die Natur

Die neuen Biotope sind Oasen aus Menschenhand, mit denen sich der Artenrückgang zumindest lokal nicht nur stoppen, sondern umkehren lässt. Biotopverbünde erhalten und schaffen Lebensräume in der Land-

schaft, Naturschutz und Landnutzung schließen sich nicht aus, sondern stärken sich gegenseitig. Ökologisch wirtschaftende Landwirte und die Bauhöfe der Gemeinden pflegen die Biotope langfristig. Wertvolle neue Lebensräume werden, auch unter Einbeziehung bereits bestehender Habitate, auf bisher intensiv genutzten Landwirtschaftsflächen durch Renaturierungsmaßnahmen entwickelt. Ziel ist es, einen Biotopverbund von überregionaler Bedeutung als Lebensraum und Wanderkorridor für eine vielfältige Tier- und Pflanzenwelt zu entwickeln.

Naturschutzprojekte und Kooperationen wie diese alleine können nicht die Welt retten. Aber aus ihnen heraus entstehen Kräfte, die wiederum Änderungen in der politischen Landschaft anstoßen. Denn es braucht klare und mutige Entscheidungen aus der Politik, um den dramatischen Problemen des Klimawandels entgegenzuwirken und den Verlust der biologischen Vielfalt noch zu stoppen.

Rielasinger Weiher im Biotopverband Bodensee

Vogelschutz-Aktionen

Unter dem Dach von »BirdLife International« haben sich über 120 nationale Naturschutzverbände aller Kontinente zu einem großen Netzwerk zusammengefunden, um sich mit Nachdruck für Artenvielfalt, Erhaltung natürlicher Lebensräume und nachhaltige Entwicklung einzusetzen. Der NABU (Naturschutzbund Deutschland) ist einer der ältesten und größten BirdLife-Partner.

Vogelfreunde können einen wertvollen Beitrag zum Artenschutz leisten, indem sie an Vogelschutzaktionen und -initiativen teilnehmen. NABU und LBV (Landesbund für Vogelschutz) rufen dazu jedes Jahr zu bundesweiten Vogelzählungen auf. Nur mit genauen Kenntnissen über die heimischen Vögel lassen diese sich auch wirksam vor Gefahren schützen. Der Erfolg der Arbeit hängt daher immer von Menschen ab, die sich engagieren und der Natur helfen wollen.

Die »Stunde der Wintervögel« (im Januar) soll Erkenntnisse zu den Fragen bringen: Wie passen sich unsere Vögel an die kalte und futterarme Zeit an? Welche Arten werden durch Winterfütterung gefördert,

welche nicht? Wie wirkt sich der Klimawandel auf die Vögel im Winter aus?

Im Mai (»Stunde der Gartenvögel«) sind alle Naturfreunde aufgerufen, Vögel zu notieren, die sich in unserer Nähe (Gärten, Parks) aufhalten. Bei beiden Aktionen sollen eine Stunde lang Vögel – ob im Garten, vom Balkon aus oder in benachbarten Parks – gezählt sowie die höchste Anzahl von jeder Art, die gleichzeitig zu sehen ist, notiert werden. Je mehr Menschen bei diesen Zählaktionen mitmachen und ihre Beobachtungen melden, umso größer wird die verfügbare Datenmenge, desto genauer lassen sich Erkenntnisse für den Artenschutz gewinnen.

Fast 160 000 Vogelfreund*innen haben 2020 die »Stunde der Gartenvögel« genutzt und insgesamt fast 3,2 Millionen Vögel gemeldet. Das war ein neuer Rekord, der damit sogar die winterliche Schwesteraktion »Stunde der Wintervögel«, an der im Januar 134 000 Vogelfreund*innen teilgenommen hatten, übertroffen hat.

So wird gemeldet

- Per »Online-Formular«, auf diese Weise können die Daten schnell und kostengünstig erfasst und ausgewertet werden, das spart Kosten.
- Man lädt sich die kostenlose NABU-App »Vogelwelt« herunter und sendet die Daten aus der App heraus. Bitte beachten: Die Daten werden auch hier einfach über die PLZ verortet.
- Unter der kostenlosen Rufnummer 0800-1157-115 werden die Daten der beiden Zählungen (Januar bzw. Mai) auch direkt entgegengenommen.

Heimische
VÖGEL
im Porträt

Auf den folgenden Seiten werden 54 Vogelarten vorgestellt, die drei Gruppen zugeordnet sind:

Standvögel kann man bei uns das ganze Jahr über im Brutgebiet beobachten.

Teilzieher ziehen entweder im Herbst in wärmere Gebiete des Südens oder bleiben auch im Brutgebiet.

Zugvögel sind nur im Frühjahr oder Sommer bei uns zu Gast und verbringen die übrige Zeit auf dem Zug oder im Winterquartier.

Innerhalb des Kapitels sind die Vögel der Größe nach eingeteilt.

Wintergoldhähnchen
Regulus regulus

Kennzeichen

9 cm, der kleinste europäische Vogel, überwiegend grün bis grünlich, typisch der breite, leuchtendgelbe, schwarz eingefasste Scheitelstreif, Augenring weiß. Ruft zart »si-si- si«. Gesang hohe, auf- und abschwingende Strophe mit betontem Schlussteil.

Vorkommen

Europa außer Island, Nordskandinavien und dem größten Teil der Iberischen Halbinsel.

Lebensraum

Überwiegend in Fichtenwäldern, häufig in Parks und Gärten mit Fichten, auf Friedhöfen.

Brut

2 Bruten (April–Juni). Brütet (14–15 Tage) in Astgabeln von Nadelbäumen. Festes, napfförmiges Nest aus Moos, Flechten, Haaren und Federn. 8–10 bräunlich gemusterte Eier. Nestlingsdauer 15–16 Tage.

Nahrung

Winzige Insekten und Spinnen.

Beobachtungstipp

Wintergoldhähnchen sind im Winter häufig gemeinsam in Trupps mit Meisen unterwegs.

Zaunkönig

Troglodytes troglodytes

Kennzeichen

9,5 cm, einer der kleinsten Vögel Europas. Kugelige Gestalt, braunes, leicht gebändertes Gefieder, heller Streif über dem Auge, gebogener Schnabel; der kurze Schwanz meist steil aufgerichtet. Ruft häufig hart »teck, teck« oder schnurrend »zerr«, Gesang laut schmetternde und trillernde Strophen.

Vorkommen

Ganz Europa außer Nordskandinavien.

Lebensraum

Unterholzreiche Wälder und Gehölze, häufig in gebüschreichen Parks und Gärten.

Brut

2 Bruten (April–Juli). Brütet (14–16 Tage) in Sträuchern, Jungfichten, Wurzeln umgestürzter Bäume, Baumhöhlen und Mauerlöchern. Kugeliges Nest aus Moos. 5–7 weißliche, zart rot gesprenkelte Eier. Nestlingsdauer 15–18 Tage.

Nahrung

Kleine Insekten, Larven, feine Sämereien, Spinnen, Würmer.

Beobachtungstipp

Huscht lautlos wie eine Maus im Unterholz umher, sucht meist am Boden nach Nahrung. Hält sich gern in Wassernähe auf.

Tannenmeise

Parus ater

Kennzeichen

10–11,5 cm, kleinste Meise mit schwarzweißem Kopf, blaugrauer Oberseite und bräunlicher Unterseite. Charakteristisch ist der weißliche, längliche Nackenfleck und der helle Wangenbereich. Ruft häufig hoch und zart »si-si«, Gesang aus zwei sich abwechselnden Tönen »zewi-zewi-zewi«.

Vorkommen

Europa außer Island und Nordskandinavien.

Lebensraum

Tannen- und Mischwälder, aber auch Parks und große Gärten mit Nadelbaumgruppen.

Brut

2 Bruten (April–Juni). Brütet (14–17 Tage) in Baumhöhlen, Erd- und Mauerlöchern. Filziges Nest aus Moos, Tier– und Pflanzenwolle. 7–11 weiße, zart rötlich gesprenkelte Eier, Nestlingsdauer 16–18 Tage.

Nahrung

Insekten, Spinnen, Nadelbaumsamen, Talg, Nüsse.

Beobachtungstipp

Ist häufig an dünnen Ästen mit dem Kopf nach unten hängend unterwegs. Trinkt gerne an Wassertropfen auf den Zweigen und badet sogar im Schnee.

Haubenmeise
Parus cristatus

Kennzeichen

11 cm, oberseits fahl graubraun, unterseits weißlich, Kopf schwarz-weiß gezeichnet, typisch ist die spitze Federhaube. Ruft häufig schnurrend »zi-zi-gürr«, Gesang selten, eine Folge aus rufähnlichen, klirrenden und gurrenden Lauten.

Vorkommen

Große Teile Europas, nicht in Nordskandinavien, England und Italien.

Lebensraum

Nadel- und Mischwälder, Parks und große Gärten mit Kiefer- und Fichtenbestand.

Brut

1–2 Bruten (April–Juni). Brütet (14–16 Tage) auch gerne in Gärten mit Kiefern- und Fichtenbestand. Nest aus Moos, Tier- und Pflanzenwolle, meist in Nistkästen und Baumhöhlen, gelegentlich auch selbst gezimmert, selten auch im Boden. 5–8 rötlich gefleckte Eier. Nestlingsdauer 18–20 Tage.

Nahrung

Insekten, Spinnen, Nadelbaumsamen, Nüsse.

Beobachtungstipp

Versteckte Lebensweise, turnt hoch in den Nadelbäumen. Wird oft erst durch ihre charakteristischen Rufe entdeckt. Im Winter häufig an Futterstellen.

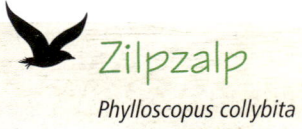

Zilpzalp
Phylloscopus collybita

Kennzeichen

11 cm, kurze Flügel, braungrüne Oberseite, gelbliche Unterseite, Beine meist dunkelbraun, heller Überaugenstreif, feiner Insektenschnabel. Ruft bei Erregung einsilbig »huit«, Gesang aus einer Aneinanderreihung der Rufe »zilp-zalp-zelp«.

Vorkommen

Europa außer Island, Teilen Skandinaviens und der Iberischen Halbinsel; überwintert in Südeuropa und Afrika.

Lebensraum

Lichter, unterholzreicher Laub- und Mischwald, häufig in Parks und Gärten mit Baumbestand.

Brut

1–2 Bruten (April bis Juli). Brütet (13–15 Tage) in dichter Vegetation in Bodennähe. Nest aus trockenen Blättern und Halmen. 5–6 gelblich bis bräunlich gesprenkelte Eier. Nestlingsdauer (13–14 Tage).

Nahrung

Spinnen, Blattläuse, kleine Insekten, im Herbst auch Beeren.

Beobachtungstipp

Gehört zu den ersten Frühjahrsboten unter den Vögeln. Lebhaft und in ständiger Bewegung. Singt oft in Weiden, sucht die Kätzchen nach Insekten ab und wird deshalb auch Weidenlaubsänger genannt; überwintert selten auch bei uns.

Fitis

Phylloscopus trochilus

Kennzeichen

11,5 cm, sieht dem Zilpzalp zum Verwechseln ähnlich, das Gefieder etwas gelblicher, die Beine heller. Wichtigstes Unterscheidungsmerkmal ist der Gesang. Ruft zweisilbig »hu-id«, Gesang weiche, schwermütige, abfallende Flötenstrophen.

Vorkommen

Mittel- und Nordeuropa außer Island; überwintert in Afrika südlich der Sahara.

Lebensraum

Lichte Laub- und Mischwälder, Weidengebüsch, gern in Wassernähe, Parks, Friedhöfen, großen Gärten mit Gebüsch.

Brut

1–2 Bruten (Mai–Juli). Brütet (13–14 Tage) in dichtem Gebüsch am Boden. Nest aus Halmen, Moos und Federn. 4–7 rötlich gesprenkelte Eier. Nestlingsdauer 13–17 Tage.

Nahrung

Insekten, deren Larven, Spinnen, Weichtiere.

Beobachtungstipp

Der Fitis springt bei der Nahrungssuche fast ununterbrochen von Ast zu Ast.

Girlitz
Serinus serinus

Kennzeichen

11,5 cm, kleinster Fink, Männchen kanariengelb, an Rücken und Seiten bräunlich gestreift, Weibchen graugrün und kräftiger gestreift. Ruft »girr, girlitt«, Gesang im Flug oder von erhöhter Warte aus anhaltend klirrend und trillernd.

Vorkommen

Süd-, Südwest- und Mitteleuropa, hat sich von den Mittelmeerländern weit nach Norden verbreitet; überwintert in Nordafrika.

Lebensraum

Meist im Siedlungsbereich in Parks, Gärten und auf Friedhöfen.

Brut

2 Bruten (April–Juli). Brütet (12–14 Tage) in jungen Nadelbäumen oder Büschen. Nest aus Gräsern, Halmen, Moos und Flechten, mit Federn und Haaren ausgepolstert. 3–5 bläuliche, rötlich und lila gefleckte Eier. Nestlingsdauer 14–16 Tage.

Nahrung

Sämereien, Knospen, junge Triebe, Insekten.

Beobachtungstipp

Männchen unternehmen im Frühjahr fledermausähnliche Singflüge mit weit ausholenden Flügelschlägen.

Sumpfmeise
Parus palustris

Kennzeichen

11,5 cm, unscheinbar graubraun, Kopfseiten weiß, Kopfplatte und Kinnfleck glänzend schwarz, kleiner Schnabel. Ruft häufig explosiv »pistja-dä-dä«, Gesangsstrophen aus monotonen Reihen »tjip-tjip-tjip«.

Vorkommen

Europa außer Island, Irland, große Teile Nordeuropas und der Iberischen Halbinsel.

Lebensraum

Feuchte Laub- und Mischwälder, Parks und Gärten mit älteren Baumbeständen, in Sumpfgebieten eher selten.

Brut

1 Brut (April–Mai). Brütet (13–17 Tage) in Baumhöhlen, weniger in Nistkästen. Nest aus Moos, Haaren und Federn. 7–9 rötlich getupfte Eier. Nestlingsdauer 16–20 Tage.

Nahrung

Insekten, Spinnen, Samen von Kräutern, Disteln.

Beobachtungstipp

Sumpfmeisen verstecken häufig im Herbst gesammelte Samen als Wintervorrat in Rindenspalten, besuchen auch oft Futterhäuschen, aus denen sie Samen forttragen.

Blaumeise
Cyanistes caeruleus

Kennzeichen

11,5 cm, kleiner als Kohlmeise. Schwanz, Flügel und Oberkopf blau, Unterseite gelb. Meist mit dunklem Längsband in der Bauchmitte. Ruft häufig »tsi-tsi-tsi«, bei Beunruhigung »zerretetet«, trillernder, heller, klarer Gesang »tsi-tsi-sirrr«.

Vorkommen

Europa außer Island und Nordskandinavien.

Lebensraum

Laub- und Mischwälder, Parks und Gärten.

Brut

1–2 Bruten (April–Juli). Brütet (13–15 Tage) in Baumhöhlen, Mauerlöchern, Nistkästen und Rohren, sogar in Briefkästen. Nest aus Moos, Wolle, Haaren und Federn. 7–10 weiße, rot getupfte Eier. Nestlingsdauer 16–18 Tage.

Nahrung

Insekten und deren Larven, Spinnen, Samen, Nüsse.

Beobachtungstipp

Turnt sehr geschickt und häufig kopfüber bei der Nahrungssuche an dünnen Ästen und Zweigen. Regelmäßiger Gast an Futterstellen im Winter. Lässt sich mühelos mit Nistkästen (Flugloch 28 mm) im Garten ansiedeln.

Erlenzeisig
Carduelis spinus

Kennzeichen

12 cm, schlanker, spitzer Finkenschnabel, grünlich-gelbes Gefieder, Männchen mit schwarzer Kopfkappe und schwarzem Kinnfleck, Weibchen graugrün, ohne Schwarz am Kopf. Ruft »tetetet«, Gesang eine eilige Zwischenstrophe mit gedehntem »diäh«.

Vorkommen

Mittel-, Nord-, und Nordosteuropa, Britische Inseln, Teile Südeuropas.

Lebensraum

In Nadel- und Mischwäldern mit Fichtenbestand, vorwiegend im Bergland, streift im Winter im Tiefland umher.

Brut

2 Bruten (April–Juli). Brütet (12–14 Tage) hoch in Nadelbäumen. Kleines Nest aus Halmen, Federn, Moos und Pflanzenwolle. 3–5 grünliche oder bläuliche, rötlich gesprenkelte Eier. Nestlingsdauer 14–16 Tage.

Nahrung

Samen von Bäumen und krautigen Pflanzen, kleine Insekten.

Beobachtungstipp

Ist darauf spezialisiert, mit dem spitzen Schnabel Samen aus Erlenzapfen herauszupicken (Name). Hängt dabei oft kopfüber an den Zapfen. Im Winter häufig an Futterplätzen.

Stieglitz
Carduelis carduelis

Kennzeichen

12,5 cm, auffällige und unverwechselbare Gefieder-
färbung mit schwarz-weiß-rotem Kopf, großem,
gelbem Flügelfeld und braunem Rücken. Ruft hell
und klingelnd »stigelitt« (Name) und »didlitt«, leiser,
zwitschernder Gesang.

Vorkommen

Europa außer Island und Nordskandinavien.

Lebensraum

Dörfer mit großen Laubbäumen, Parks und Gärten
mit Laubbaumbestand.

Brut

2 Bruten (Mai–August). Brütet (12–14 Tage) auf den
äußersten Zweigen in Kronen von Obstbäumen.
Dickwandiges Nest aus Moos, Gras, Pflanzenhaaren.
4–6 bläuliche Eier mit dunklen Flecken. Nestlingsdauer 14–15 Tage.

Nahrung

Samen von Stauden, Knospen, Insekten.

Beobachtungstipp

Nach der Brutzeit Bildung von Scharen, häufig an
Wegrändern, an denen sie mit dem spitzen Schnabel geschickt bevorzugt Samen von Disteln picken
(Name). Lässt man verblühte Stauden stehen, finden
sich die Stieglitze auch im Garten ein.

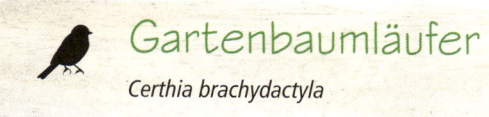

Gartenbaumläufer
Certhia brachydactyla

Kennzeichen

12,5 cm, Gefieder oberseits rindenfarben, unterseits hell mit bräunlichen Flanken, langer, dünner, gebogener Schnabel, Stützschwanz. Ruft hoch und laut »tüt tüt tüt« oder »sri«, Gesangsstrophen ansteigend aus hohen Pfeiftönen.

Vorkommen

Europa außer Island.

Lebensraum

Laub- und Mischwälder, Parks und Gärten mit älterem Baumbestand.

Brut

1–2 Bruten (April–Juni). Brütet (15–16 Tage) hinter abstehender Baumrinde oder Nistkästen. Nest aus Zweigen, Moos und Rindenstücken, mit Halmen verstärkt. 4–7 rot und braun gefleckte Eier. Nestlingsdauer 17–18 Tage.

Nahrung

Insekten, deren Larven, Spinnen, kleine Samen.

Beobachtungstipp

Lässt sich mit speziellen Nistkästen in den Garten locken. Huscht wie eine Maus an Baumstämmen hoch. Sucht im Winter oft gemeinsame Schlafplätze an Baumstämmen oder in Baumhöhlen auf.

Gelbspötter

Hippolais icterina

Kennzeichen

13 cm, schlank mit großem Kopf, Gefieder oberseits bräunlich olivgrün, unterseits hellgelb, relativ kräftiger Schnabel, lange Flügel. Ruft dreisilbig »dje-dje-dje«, gehört zu unseren auffallendsten Sängern, vielfältig, lebhaft, nasal bis quäkend klingende Töne.

Vorkommen

Mittel- und Osteuropa bis hin zum Balkan, nach Norden bis Mittelskandinavien; überwintert im tropischen Afrika.

Lebensraum

Lichte Laub- und Auwälder, Parks, große unterholzreiche Gärten.

Brut

1 Brut (Mai–Juli). Brütet (13–14 Tage) in Bäumen und Sträuchern. Napfförmiges Nest aus Blättern, Halmen und Baumrinde. 4–6 rosafarbene, schwarz gefleckte Eier. Nestlingszeit 13–15 Tage.

Nahrung

Insekten, Spinnen, kleine Schnecken, im Spätsommer auch Beeren.

Beobachtungstipp

Der Gelbspötter imitiert viele andere Vogelstimmen, während der Paarungszeit singt er den ganzen Tag versteckt im dichten Geäst.

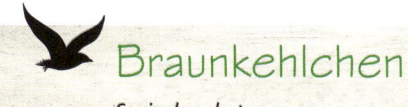

Braunkehlchen
Saxicola rubetra

Kennzeichen
13 cm, Gefieder auf der Oberseite schuppig dunkelbraun, auf der Unterseite cremeweiß mit orange-
farbener Kehle und Brust, Männchen mit schwarzen
Kopfseiten und weißem Überaugen- und Bartstreif.
Ruft »djü« oder »djüt«, Gesang aus kurzen, gepresst klingenden Lauten und flötenden Elementen.

Vorkommen
Fast ganz Europa bis Sibirien, fehlt als Brutvogel in
Westeuropa, in Deutschland stark gefährdet; über-
wintert in Afrika südlich der Sahara.

Lebensraum
Offene Landschaften im Flachland sowie in Mittel-
gebirgen, Riedwiesen, Niedermoore, Heide.

Brut
1 Brut (Mai–August). Brütet (12–15 Tage) am Boden
unter einem Grasbüschel. 4–7 grünblaue Eier. Nestlingsdauer 12–13 Tage.

Nahrung
Insekten, Spinnen, Würmer, Schnecken.

Beobachtungstipp
Das Männchen singt gut sichtbar von erhöhten Sitz-
warten (Pflanzenstängel, Weidezäune, Stromleitun-
gen) aus, um ein Weibchen anzulocken und sein
Revier abzugrenzen.

Trauerschnäpper

Ficedula hypoleuca

Kennzeichen

13 cm, Brust und Unterseite weiß, Augen, Schnabel und Beine dunkel, beim Männchen Kopf und Oberseite schwarz, auf der Stirn ein weißer Fleck, Flügel mit weißem Band, beim Weibchen Oberseite braun, ebenfalls ein weißes Band auf den Flügeln. Ruft häufig »bitt«, Gesang aus klaren Strophen.

Vorkommen

Europa außer Island und dem größten Teil Südeuropas; überwintert im tropischen Afrika.

Lebensraum

Mischwälder, Parks und Gärten mit altem Baumbestand, Friedhöfe.

Brut

1 Brut (Mai/Juni). Brütet (12–14 Tage) in Baumhöhlen. Nest aus Gras, Halmen, Rinde und Zweigen, mit Federn oder Haaren ausgepolstert. 5–8 hellblaue Eier. Nestlingsdauer 13–16 Tage.

Nahrung

Fast ausschließlich fliegende Insekten, im Herbst auch Beeren.

Beobachtungstipp

Mit Nistkästen lassen sich Trauerschnäpper auch in Parks und Gärten ansiedeln.

Mehlschwalbe

Delichon urbica

Kennzeichen

13 cm, Oberseite metallisch blauschwarz, Unterseite und Bürzel rein weiß, gegabelter Schwanz. Ruft häufig »trr, trr« oder »brrüd«, Gesang schwatzend und zwitschernd.

Vorkommen

Ganz Europa außer Island; überwintert in Afrika südlich der Sahara.

Lebensraum

Ortschaften und Gebäude in der Nähe von Gewässern, über denen sie Jagd auf Fluginsekten macht.

Brut

Meist 2 Bruten (Mai–September). Brütet oft in Kolonien (14–16 Tage) außen an Gebäuden. Ordentliches, kugliges Nest aus Lehm, mit rundlicher Einflugöffnung unter das Dach geklebt. 4–5 weiße, manchmal rötlich gepunktete Eier. Nestlingsdauer 16–25 Tage.

Nahrung

Mücken, Fliegen, Schmetterlinge.

Beobachtungstipp

Sammelt im Frühjahr an Pfützen Lehm für den Nestbau. Brütet gerne an Kunstnestern für Schwalben.

Klappergrasmücke

Sylvia curruca

Kennzeichen

13,5 cm, Kopf und Oberseite grau, Unterseite creme-weiß, dunkle Ohrdecken neben den Augen. Ruft bei Gefahr mehrmals »tack« oder »tjäk«. Gesang eine eintönige eilig klappernde (Name) Strophe.

Vorkommen

Europa, im Westen bis Frankreich und England, im Norden bis Mittelskandinavien. Überwintert in Afrika südlich der Sahara.

Lebensraum

Büsche und Sträucher in Parks, Gärten, in Obstgärten, auf Friedhöfen.

Brut

1 Brut (Mai–Juli). Brütet (11–12 Tage) oft in jungen Nadelbäumen. Flaches Nest aus Halmen und Wurzeln. 4–6 mehrfarbig gesprenkelte Eier. Nestlingsdauer 10–11 Tage.

Nahrung

Insekten, Larven und Spinnen.

Beobachtungstipp

Der in Büschen und Hecken versteckt lebende Vogel verrät sich nur durch sein charakteristisches Singen.

Kohlmeise
Parus major

Kennzeichen

14 cm, kräftig gebaut, Kopf schwarz-weiß, Unterseite gelb, Männchen mit breitem, schwarzem Längsband auf Brust und Bauch, beim Weibchen schmaler und blasser. Ruft: »si-dui«, »pink-pink«. Gesang fällt äußerst verschieden aus, klingt häufig »zizibe-zizibe«.

Vorkommen

In ganz Europa, außer in Island und im hohen Norden.

Lebensraum

In fast jeder Landschaft mit Bäumen, häufig in Gärten und Parks, auch mitten in der Stadt.

Brut

1–3 Bruten (März bis Juli). Brütet (8–12 Tage) in Baumhöhlen, Nistkästen, Mauerlöchern und Rohren. Nest aus Moos, Halmen, Wurzeln und Wolle. 8–12 weiße, rotbraun gesprenkelte Eier. Nestlingsdauer 18–20 Tage.

Nahrung

Obst, Sämereien, Insekten, Würmer, Spinnen.

Beobachtungstipp

Kohlmeisen sind die häufigsten Gäste am winterlichen Futterplatz, von dem sie andere Kleinvögel energisch vertreiben. In den Garten lockt man sie am besten mit Nistkästen (Flugloch 32 mm).

Kleiber
Sitta europaea

Kennzeichen

14 cm, gedrungener, kräftiger Körper, kurzer Schwanz, starker Schnabel. Blaugraue Oberseite, hell-rostbraune Unterseite. Ruft schallend »twit twit twi« oder »tsirrr«. Gesang laut und durchdringend, Strophen lassen sich ganz einfach nachsingen.

Vorkommen

Fast ganz Europa außer Island, Irland und Nordskandinavien.

Lebensraum

Laub- und Mischwälder (vor allem mit Eichen), in Parks und Gärten mit älteren Baumbeständen.

Brut

1 Brut. Brütet (13–16 Tage) in Gärten mit alten Bäumen, in Spechthöhlen und Nistkästen. Legt diese mit Rindenstücken und trockenem Laub aus, verengt das Flugloch mit feuchtem Lehm. 6–9 weiße, rotbraun gefleckte Eier. Nestlingsdauer 23–25 Tage.

Nahrung

Insekten, Spinnen, Nüsse, Talg.

Beobachtungstipp

Klettert als einziger, einheimischer Vogel mit dem Kopf nach unten an Baumstämmen und Ästen. Bearbeitet mit seinem starken Schnabel lautstark gefundene Nüsse. Häufig am winterlichen Futterplatz, versteckt Sämereien als Vorrat.

Feldsperling
Passer montanus

Kennzeichen
14 cm, typisch sind der braune Oberkopf, der schwarze Wangenfleck und das weiße Nackenband. Männchen und Weibchen sind gleich gefärbt. Ruft häufig »tschick-tschick« oder »zwit-tek-tek«, Gesang wie Haussperling, aber härter.

Vorkommen
Fast ganz Europa außer Skandinavien und im Westen der Iberischen Halbinsel.

Lebensraum
Offene Kulturlandschaften, Dörfer, Parks, Obstgärten und Gärten.

Brut
2–3 Bruten (April–August). Brütet (13–14 Tage) in Baumhöhlen, Mauerlöchern oder Nistkästen. Kugeliges Nest aus Halmen, Stängeln und Federn. 4–6 weißliche Eier mit dunkler Musterung. Nestlingsdauer 14–16 Tage.

Nahrung
Samen von Gräsern und Kräutern, Insekten.

Beobachtungstipp
Lebt in offenen Landschaften mit Hecken, Feldgehölzen und Streuobstwiesen. Besucht Futterstellen an Dorfrändern. Scheuer als der Haussperling, lässt sich aber mit Nistkästen in den Garten locken.

Gartenrotschwanz
Phoenicurus phoenicurus

Kennzeichen

14 cm, Männchen auffällig bunt mit rostrotem Schwanz, schwarzer Kehle, weißem Stirnband und rostroter Unterseite. Weibchen überwiegend grau-braun, zum Schwanz hin rostrot. Ruft »huit-teck-teck«, Gesang wehmütige Tonreihe, die mit einem hohen Pfeifton beginnt.

Vorkommen

Europa mit Ausnahme von Island, Irland und Grie-chenland.

Lebensraum

Lichte Laub- und Mischwälder, Parks, Friedhöfe, Obstgärten, Gärten mit älterem Baumbestand.

Brut

2 Bruten (Mai–Juli). Brütet (13 – 14 Tage) in Baum-höhlen und Mauerlöchern. Lockeres Nest aus Hal-men, Wurzeln und Moos. 5 – 7 grünblaue Eier. Nest-lingsdauer 12 – 14 Tage.

Nahrung

Insekten und deren Larven, seltener Beeren.

Beobachtungstipp

Startet zum Insektenfang häufig von niedrigen Zwei-gen aus und kehrt dann auf dieselbe Warte zurück. Mit Meisenkästen lässt sich der Gartenrotschwanz in den Garten locken.

Hausrotschwanz

Phoenicurus ochruros

Kennzeichen

14 cm, rostroter Schwanz, Männchen rußschwarz mit hellen Flügeln, Weibchen dunkel graubraun. Ruft bei Gefahr hart »hied-teck-teck«, in Nestnähe aneinandergereiht »teckteckteck«, Gesang dünn und kratzig, am Ende mit Pfeiftönen.

Vorkommen

Europa außer Island, Nordskandinavien, Nordrussland und Schottland.

Lebensraum

Früher als Felsbrüter auf Gebirgsregionen beschränkt, besiedelt heute flache Landschaften vorwiegend in Wohngebieten.

Brut

2 Bruten (April–Juli). Brütet (13–14 Tage) oft unter Dächern, in künstlichen Halbhöhlen oder Mauerlöchern. Nest aus Halmen, Moos, Federn und Haaren. 4–6 weiße Eier. Nestlingsdauer 13–17 Tage.

Nahrung

Insekten, Spinnen, Beeren.

Beobachtungstipp

Knickst oft und zittert ständig mit dem Schwanz. Sucht Nahrung überwiegend am Boden. Singt oft schon vor der Morgendämmerung auf Dächern, Antennen oder hohen Kaminen.

Heckenbraunelle
Prunella modularis

Kennzeichen

14 cm, braun gemusterter Rücken, Kopf, Brust und Nacken blaugrau, schlanker Schnabel. Ruft hoch und etwas heiser »dididi« oder »zieh«, Gesang hell zwitschernd, leicht an- und absteigend von erhöhten Singwarten aus.

Vorkommen

Fast ganz Europa.

Lebensraum

Unterholzreiche Wälder, gebüschreiche Parks und Gärten.

Brut

2 Bruten (April–Juni). Brütet (12–14 Tage) in dichtem Gestrüpp oder jungen Fichten. Solide gebautes Nest aus Moos. 4–6 blaugrüne Eier. Nestlingsdauer 13–14 Tage.

Nahrung

Würmer, Insekten, Spinnen, im Winter vorwiegend Sämereien.

Beobachtungstipp

Lebt sehr versteckt im Schutz von Sträuchern (Name!), huscht sonderbar geduckt von Deckung zu Deckung, ist eher zu hören als zu sehen. Dreht bei der Suche nach Insekten und Spinnen das Laub um. Kommt im Winter manchmal an Futterplätze.

Rotkehlchen
Erithacus rubecula

Kennzeichen
14 cm, Oberseite olivbraun, grau umrahmt, Kehle und Brust orangefarben, große, schwarze Augen. Ruft scharf »zick«, bei Gefahr schnell »zickikick«, Gesang stimmungsvoll perlend, lange Strophen mit hellen Tönen und Trillern.

Vorkommen
Ganz Europa außer dem hohen Norden; überwintert im Mittelmeerraum, nicht selten in Mitteleuropa.

Lebensraum
Unterholzreiche Wälder, Feldgehölze, Gebüsch, Parks und Gärten mit Baumbestand, gerne in Wassernähe.

Brut
2 Bruten (April–Juli). Brütet (13–15 Tage) in bodennahen Verstecken, zwischen Baumwurzeln oder in niedrigen Baumhöhlen. Napfförmiges Nest aus Blättern, Moos und Halmen. 5–7 weißliche, rotbraun gefleckte Eier. Nestlingsdauer 12–15 Tage.

Nahrung
Insekten, Larven, Spinnen, Würmer, Beeren.

Beobachtungstipp
Hält sich viel am Boden auf. Wenig scheu, kommt beim Umgraben im Garten auf wenige Meter heran, um die zutage geförderten Würmer und Insekten zu fressen. Singt noch spät in der Dämmerung.

Mönchsgrasmücke

Sylvia atricapilla

Kennzeichen

14 cm, Männchen grau mit schwarzer Kopfplatte, Unterseite grauweiß, Weibchen mehr braun, mit rostbrauner Kopfplatte. Ruft bei Gefahr hart »täck-täck-täck«, Gesang melodiös mit klaren, sich überschlagenden Flötentönen.

Vorkommen

Fast ganz Europa, außer Island und Nordskandinavien; überwintert in Süd- und Westeuropa und Nordafrika.

Lebensraum

Unterholzreiche Wälder, gebüschreiche Parks und Gärten, sogar in Stadtzentren.

Brut

2 Bruten (April bis Juli). Brütet (10–16 Tage) in niedrigem Gebüsch und jungen Bäumen (meist unter 1,5 m Höhe). Lockeres, flaches, meist mit der Trägerpflanze verflochtenes Nest aus Gras, Wurzeln und Moos. 4–6 hellbraune, dunkel gefleckte Eier. Nestlingsdauer 10–15 Tage.

Nahrung

Insekten, Spinnen, im Herbst Beeren und andere Früchte.

Beobachtungstipp

Lebt sehr versteckt, meist hört man den Vogel, ehe man ihn sieht. Ihr lauter Gesang gehört zu den schönsten einheimischen Vogelstimmen.

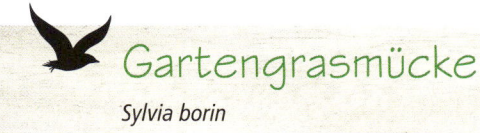

Gartengrasmücke

Sylvia borin

Kennzeichen

14 cm, relativ kräftiger Schnabel, kurzer Schwanz, Gefieder oberseits graubraun, unterseits und Hals etwas aufgehellt, heller Augenring. Ruft oft »wäd-wäd-wäd«, Gesang laut mit langanhaltenden, sprudelnden Strophen.

Vorkommen

Europa außer dem äußersten Südwesten und hohen Norden; überwintert südlich der Sahara.

Lebensraum

Büsche und Dickicht am Rand von lichten Wäldern, häufiger auch in Parks und verwilderten Gärten.

Brut

1 Brut (Mai–Juli). Brütet (13–14 Tage) meist im dichten Unterwuchs. Lockeres Nest aus Halmen und kleinen Wurzeln. 4–6 bräunlich gefleckte Eier. Nestlingsdauer 10–13 Tage.

Nahrung

Insekten, Spinnen, Beeren.

Beobachtungstipp

Der sehr scheue Vogel lässt sich nur schwer beobachten, im Herbst an Schlehe und Weißdorn, wo er sich noch Proviant für seine lange Reise holt.

Dorngrasmücke

Sylvia communis

Kennzeichen

14 cm, Männchen mit rostbraunen Flügelfeldern, grauem Rücken und Oberkopf, weißer Kehle und rosa Brust; Weibchen mit braunem Kopf und hellbeiger Brust. Ruft häufig »woid-woid«, Gesang aus kurzen, kratzigen, schwätzenden Strophen.

Vorkommen

Europa außer Island, Nordskandinavien und Nordrussland; überwintert in Afrika südlich der Sahara.

Lebensraum

Offene Landschaften mit dornigen Hecken, auch in Parks und verwilderten Gärten.

Brut

2 Bruten (Mai–Juli). Brütet (11–24 Tage) meist in niedrigen Dornbüschen. Nest aus trockenen Halmen und Wurzeln, 4–5 hellgraue, fein gepunktete Eier. Nestlingsdauer 11–13 Tage.

Nahrung

Insekten und deren Larven, Spinnen, im Herbst auch Beeren.

Beobachtungstipp

Das Männchen startet häufig zu einem kurzen Singflug von Gebüsch zu Gebüsch. Bei uns ist der Vogel durch Rodungen von Hecken und Feldgehölzen allerdings selten geworden.

Grauschnäpper
Muscicapa striata

Kennzeichen

14 cm, Gefieder oberseits graubraun, unterseits fast weiß, Scheitel und Brust fein gestrichelt, gerader, dicker, spitzer Schnabel. Ruft häufig hoch »ziiht«, »zek« oder »zi-tek-tek«, unauffälliger Gesang aus zirpenden Lauten.

Vorkommen

Europa außer Island; überwintert im südlichen Afrika.

Lebensraum

Waldränder, Parks und Gärten mit Baumbestand.

Brut

1–2 Bruten (Mai–Juli). Brütet (12–15 Tage) in Halbhöhlen an Bäumen oder Mauern, in Balkonkästen und bewachsenen Hauswänden. Lockeres Nest aus Moos, Rindenstücken, Haaren, mit Federn ausgepolstert. 5–7 weißliche, rotbraun gesprenkelte Eier. Nestlingsdauer 12–14 Tage.

Nahrung

Fast ausschließlich fliegende Insekten.

Beobachtungstipp

Lauert von erhöhter Warte auf Fluginsekten, steht kurz in der Luft, packt die Beute mit dem Schnabel und fliegt zu seinem Ansitz zurück.

Schwanzmeise

Aegithalos caudatus

Kennzeichen

13–15 cm, davon Schwanz 6–9 cm. Kleiner, schwarz-, weiß- und rosafarbener Körper mit überlangem, stufigem Schwanz. Mitteleuropäische Form mit breitem, dunklem Scheitelstreif über dem Auge bis zum Nacken, nordeuropäische Rasse Kopf und Unterseite weiß, winziger Schnabel. Ruft hell und dünn »tsisisi«, Gesang leise zirpend.

Vorkommen

Europa außer Island und Nordskandinavien.

Lebensraum

Unterholzreiche Wälder, in gebüschreichen Parks und Gärten, oft in Wassernähe.

Brut

1–2 Bruten (März–Juli). Brütet (13–14 Tage) in Sträuchern. Kunstvolles Kugelnest mit seitlichem Schlupfloch aus Moos, Flechten, Gespinsten, Pflanzen- und Tierwolle. 8–12 weißliche Eier. Nestlingsdauer 18–19 Tage.

Nahrung

Kleine Insekten und deren Larven, Spinnen.

Beobachtungstipp

Sehr gesellig, besonders im Winter meist in Trupps, gern auch an Futterhäuschen mit Fettfutter.

Haussperling
Passer domesticus

Kennzeichen

15 cm, Männchen mit grauem Scheitel, schwarzem Latz und heller Unterseite, Weibchen graubraun mit feiner Musterung ohne Scheitel. Ruft häufig »tsched-tsched«, Gesang rhythmisch schilpend.

Vorkommen

Ganz Europa außer Island und in kargen Gebirgsregionen.

Lebensraum

Kulturfolger in allen Arten von Siedlungen, Dörfern und Städten.

Brut

2–3 Bruten (April–August). Brütet (13–14 Tage) bevorzugt in der Nähe von Häusern unter Dachziegeln, in Mauerlöchern, zwischen Kletterpflanzen. Schlampiges Nest aus Halmen, Stängeln, Federn, Papier und Lumpenstücken. 4–6 weißliche, grau oder braun gefleckte Eier. Nestlingsdauer 13–14 Tage.

Nahrung

Samen, Insekten, Früchte, Beeren und Abfälle.

Beobachtungstipp

Badet in Teichen und Pfützen, aber auch in Sand. In Nistkästen mit mehreren Einfluglöchern können Haussperlinge kleine Kolonien gründen.

Grünfink
Chloris chloris

Kennzeichen

15 cm, stämmiger Körperbau, gelbe Abzeichen an Schwanz und Flügeln, kräftiger Kegelschnabel; Männchen gelbgrün, Weibchen schlichter. Ruft »gügügü«, bei Beunruhigung »dschwuid« oder »tsrr«, klingelnde Gesangsstrophen.

Vorkommen

Mittel-, Ost- und Südeuropa, nicht im größten Teil Nordeuropas.

Lebensraum

Parks und Gärten mit Laubbaumbestand, Obstgärten, im Winter eher in offener Landschaft.

Brut

2 Bruten (April bis August). Brütet (13–14 Tage) in Jungbäumen, Büschen oder Kletterpflanzen an der Hauswand. Nest aus Wurzeln, Halmen, Zweigen und Moos. 4–6 weißliche Eier mit dunklen Flecken. Nestlingsdauer 13–15 Tage.

Nahrung

Insekten, Knospen, Blüten, Beeren, Sämereien.

Beobachtungstipp

Häufiger Gast an Futterstellen. Sehr streitsüchtig; droht anderen Vögeln mit erhobenen, leicht geöffneten Flügeln, gefächertem Schwanz und geöffnetem Schnabel.

Buchfink

Fringilla coelebs

Kennzeichen

15,5 cm, leuchtend weiße Flügel, Männchen im Frühjahr auffallend bunt mit glänzend graublauem Schnabel, Nacken und Schnabel mit olivgrünem Bürzel. Weibchen bis auf die weißen Flügelbinden unscheinbar. Ruft laut »pink«, »wrüt«, Gesang eine abfallende Schmetterstrophe.

Vorkommen

Ganz Europa außer Island und Nordskandinavien.

Lebensraum

Fast alle Arten von Wäldern, Feldgehölze, offene Landschaften mit Büschen und Hecken, Parks und Gärten, auch mitten in der Großstadt.

Brut

2 Bruten (April—Juli). Brütet in Bäumen und Sträuchern (13–14 Tage). Napfförmiges Nest aus Gras, Wurzeln und Rindenfasern. 3–6 zart hellblaue Eier mit rosa und bräunlichen Flecken. Nestlingsdauer 12–14 Tage.

Nahrung

Samen, Insekten, Spinnen, Früchte, Beeren.

Beobachtungstipp

Läuft am Boden trippelnd und mit ruckartigen Kopfbewegungen. Männchen sind recht scheu und lassen sich am winterlichen Futterplatz leicht durch Drohgebärden anderer Vögel verjagen.

Gimpel
Pyrrhula pyrrhula

Kennzeichen

16 cm, gedrungener Körperbau, schwarze Kopfkappe, schwarzer kräftiger Schnabel, schwarzer
Schwanz mit weißem Bürzel; Männchen mit leuchtend rosenroter, Weibchen mit bräunlich-grauer
Unterseite. Ruft weich und melodisch »djü« oder
»wüp«. Gesang leise und unauffällig.

Vorkommen

Europa außer Island, Teilen Nordeuropas und der
Iberischen Halbinsel.

Lebensraum

Nadel- und Mischwälder, Feldgehölze und größeren
Hecken, oft in Parks, Gärten und Obstgärten.

Brut

2 Bruten (April–August). Brütet (12–14 Tage) in
dichten Büschen und Nadelbäumen, meist in jungen
Fichten. Lockeres Nest aus Zweigen, Wurzeln, Moos.
4–6 hellblaue Eier mit violetter Musterung. Nestlingsdauer 14–17 Tage.

Nahrung

Samen von Bäumen und Kräutern, Knospen, Beeren, Insekten.

Beobachtungstipp

Zur Brutzeit sehr versteckt, fällt am Futterplatz vor
allem wegen des kontrastreichen Gefieders auf, er-
scheint dort meist paarweise; wenig zänkisch.

Goldammer
Emberiza citrinella

Kennzeichen

16,5 cm, zimtbrauner Bürzel, im Flug sieht man die weißen Schwanzkanten, Männchen mit auffälliger Gelbfärbung von Kopf und Unterseite, braun gestreifter Rücken. Ruft »trik« oder »tzü«, Gesang eine einfache, etwas melancholisch klingende Strophe mit langgezogenem Endlaut.

Vorkommen

Europa außer Island und dem größten Teil der Iberischen Halbinsel.

Lebensraum

Feldflur mit Buschgruppen, Gehölzen und Hecken, an Dorfrändern, gelegentlich in Parks und Gärten.

Brut

2 Bruten (April–Juli). Brütet (12–14 Tage) im bodennahen Gebüsch zwischen hochwachsenden Gräsern. Nest aus Halmen, Stängeln, Moos und Blättern. 3–5 weißliche Eier mit unregelmäßiger, grauer und dunkelroter Kritzelung. Nestlingsdauer 11–14 Tage.

Nahrung

Samen, Knospen, Insekten, Spinnen, Getreide.

Beobachtungstipp

Bereits Ende Februar sind an milden Wintertagen ihre ersten Gesangstrophen zu hören, an heißen Sommertagen ist sie oft der einzige Singvogel, der unermüdlich singt.

Nachtigall
Luscinia megarhynchos

Kennzeichen

16,5 cm, Gefieder oberseits einheitlich braun, unterseits gräulich braun, Schwanz rostbraun, weißer Augenring, Schnabel an der Basis gelb. Ruft bei Gefahr ansteigend »huid«, Gesang auffallend laut, lange, abwechslungsreiche Strophen.

Vorkommen

West-, Mittel- und Südeuropa, nicht im Nordwesten, Skandinavien und Teilen Osteuropas; überwintert im tropischen Afrika.

Lebensraum

Dichtes Gebüsch in Laub- und Mischwäldern, Parks, verwilderte Gärten und Friedhöfe.

Brut

1 Brut (Mai–Juni). Brütet (13–14 Tage) versteckt in Bodennähe im Unterwuchs. Nest aus altem Laub und Haaren. 4–6 zart rötlich gefleckte Eier. Nestlingsdauer 11–12 Tage.

Nahrung

Insekten, Spinnen, Schnecken, Würmer.

Beobachtungstipp

Die Nachtigall singt ausdauernd auch abends und nachts, wenn die meisten anderen Singvögel verstummen.

Mauersegler
Apus apus

Kennzeichen

16,5 cm, schlanker, schwalbenähnlicher Vogel mit schwärzlichem, nur an Kinn und Kehle aufgehelltem Gefieder, schmale, sichelförmige Flügel, gegabelter Schwanz. Ruft hoch und durchdringend »srih-shri«.

Vorkommen

Ganz Europa außer Island und Teilen Nordeuropas; überwintert in Afrika südlich der Sahara.

Lebensraum

In Dörfern, vor allem in Städten mit hohen Gebäuden, Wohnblocks, Altbauten und Türmen.

Brut

1 Brut (Mai–August). Brütet (18–25 Tage) meist in dunklen Hohlräumen unter Dächern, in Mauerspalten oder Nistkästen. Flaches Nest aus Halmen, Blättern und Federn, mit Speichel verklebt. 2–3 längliche, weiße Eier. Nestlingsdauer 5–7 Wochen.

Nahrung

Fluginsekten.

Beobachtungstipp

Außer zum Bebrüten der Eier halten sich Mauersegler nur in der Luft auf, auch zur Paarung und zum Schlafen. In Städten bevölkern sie oft in laut rufenden, rasant fliegenden Trupps den Himmel.

Neuntöter
Lanius collurio

Kennzeichen

17 cm, Männchen unverkennbar mit schwarzem Augenstreif, Oberkopf und Nacken grau, Rücken und Flügeldecken rostrot, schwarzer Schwanz mit weißen Außenkanten. Weibchen unscheinbar braun, helle Brust mit dunkelbraunen Bogenlinien. Ruft häufig »dschä« oder »trrt-trrt«, Gesang leise zwitschernd.

Vorkommen

Europa außer Großbritannien, Nordskandinavien und Südspanien; überwintert südlich der Sahara.

Lebensraum

Offene Landschaften mit Hecken und Dornbüschen, Moor- und Heidegebiete.

Brut

1 Brut (Mai–Juli). Brütet (14–16 Tage) in dornigem Gebüsch am Boden. Nest aus Halmen, Moos, Haaren. 4–6 variabel gefärbte Eier mit dunkler Fleckung. Nestlingsdauer 13–16 Tage.

Nahrung

Insekten, kleine Säuger, Käfer. Spießt die Beute als Vorrat auf Dornen in der Nähe des Brutplatzes auf.

Beobachtungstipp

Hält häufig aufrecht sitzend auf der Spitze von Büschen Ausschau nach Beute.

Feldlerche
Alauda arvensis

Kennzeichen

18 cm, Gefieder in verschiedenen Brauntönen, Flügelhinterrand und Schwanzaußenkanten weiß gesäumt, stellt bei Erregung Scheitelfedern zu einer angedeuteten Haube auf. Ruft »tirr« und »prütt«, Gesang im Flug lang anhaltend.

Vorkommen

Fast ganz Europa außer Island und Teilen Nordeuropas, gebietsweise stark gefährdet.

Lebensraum

Offene, weiträumige Landschaft, vor allem Felder, Äcker und Wiesen.

Brut

2 Bruten (April–Juli). Brütet (12–14 Tage) versteckt in einer Bodenmulde. Nest aus trockenen Halmen mit feinem Pflanzenmaterial ausgepolstert. 3–4 braun gesprenkelte Eier. Nestlingsdauer 9–10 Tage, Junge verlassen bereits vor dem Flüggewerden das Nest.

Nahrung

Insekten, Spinnen, kleine Schnecken, Samen.

Beobachtungstipp

Bei Wintereinbrüchen im zeitigen Frühjahr suchen Feldlerchen gelegentlich Futterplätze auf.

Kernbeißer

Coccothraustes coccothraustes

Kennzeichen

18 cm, gedrungener Körper, kurzer Schwanz, wuchtiger, zur Brutzeit blaugrauer Schnabel, Männchen mit orangebraunen, weißen, schwarzen und grauen Fiederpartien. Ruft kurz und scharf »zick«, »tix« oder durchdringend »zieh«, Gesang eine Folge von nasalen Tönen, selten zu hören.

Vorkommen

Mittel-, Süd- und Osteuropa.

Lebensraum

Laub- und Mischwälder, Parks und Gärten mit höheren Laubbäumen.

Brut

1–2 Bruten (April–Juni). Brütet (13–14 Tage) hoch in Laubbäumen und Sträuchern. Großes Nest aus Zweigen, Halmen und kleinen Wurzeln. 4–6 graue, dunkel gefleckte Eier. Nestlingsdauer 11–14 Tage.

Nahrung

Samen von Laubbäumen, Knospen, frische Triebe, Insekten. Bricht mit seinem mächtigen Schnabel Kirsch- und Pflaumenkerne auf, um an die Samen zu gelangen.

Beobachtungstipp

Streift in kleinen Trupps umher, hält sich im Sommer meist in Baumkronen auf. Setzt sich im Winter an Futterplätzen gegen andere Vögel aggressiv durch.

Bachstelze
Motacilla alba

Kennzeichen

18 cm, schwarzer Kopf und Kehlfleck, grauer Rücken, weiße Unterseite, langer, dunkler Schwanz mit weißem Saum. Ruft häufig »ziwlitt, pewitt«, Gesang zwitschernd und schwatzend.

Vorkommen

Nahezu ganz Europa, auch in Gebirgsgegenden; überwintert im Mittelmeerraum.

Lebensraum

Häufig in der Nähe von Gewässern, als Kulturfolger aber auch in offener Landschaft und mitten in Dörfern und Städten.

Brut

Meist 2 Bruten (April–August). Brütet (12–14 Tage) in Baumhöhlen, Schuppen, Mauerspalten, Holzstapeln. Nest aus Moos, Blättern, Grashalmen. 5–7 hellgraue, dunkel gefleckte Eier. Nestlingsdauer 14–15 Tage.

Nahrung

Insekten, Spinnen, Larven, Würmer, Ameisen.

Beobachtungstipp

Die Bachstelze trippelt auf Nahrungssuche am Boden und wippt dabei ständig mit dem langen Schwanz und nickt mit dem Kopf. Greift häufig ihr Spiegelbild in Fensterscheiben an.

Rauchschwalbe

Hirundo rustica

Kennzeichen

19 cm, Oberseite bis auf helle Längsflecken blau-schwarz schillernd, Stirn, Kinn und Kehle rotbraun, Unterseite weiß mit dunklem Brustband, lange, spitze Flügel, lange, dünne Schwanzspieße. Ruft häufig »witt witt« oder »dschäd dschäd«, Gesang anhaltende zwitschernde Strophen.

Vorkommen

Nahezu ganz Europa außer im Hochgebirge und hohen Norden; überwintert im tropischen Afrika.

Lebensraum

Offene Kulturlandschaft, auch an Stadträndern, Nahrungssuche über Wiesen, Feldern, Gärten, Parks.

Brut

Meist 2 Bruten (Mai–September). Brütet (15 Tage) an oder in Gebäuden, oft in Scheunen und Viehställen. Offenes, an eine Wand geklebtes Nest aus Lehm und Gras. 4–5 längliche, rötlich gepunktete Eier. Nestlingsdauer 20–23 Tage.

Nahrung

Fluginsekten dicht über dem Wasser und Boden.

Beobachtungstipp

Im Herbst schließen sich Rauchschwalben oft in großen Schwärmen zusammen, um im Schilf zu übernachten.

Star

Sturnus vulgaris

Kennzeichen

21 cm, schwarzes Gefieder mit violettem und grünem, metallischem Glanz, im Herbst und Winter mit cremeweißen Tupfen übersät, Schnabel im Sommer hell, im Winter dunkel. Ruft durchdringend »schrien«, bei Gefahr hart »spett-spett« oder »rräh«, schwätzender Gesang mit Imitationen anderer Vogelstimmen und verschiedenster Geräusche wie z. B Hundegebell oder Alarmanlagen.

Vorkommen

Europa, in Mittelmeerländern nur Wintergast.

Lebensraum

Laub- und Mischwälder, häufig in Parks und Gärten mit alten Bäumen.

Brut

1–2 Bruten (April–Juli). Brütet (12–14 Tage) in Baumhöhlen oder Nistkästen. Lockeres Nest aus Halmen, Stängeln und Blättern, mit Moos und Federn gepolstert. 4–7 grünliche bis hellblaue Eier. Nestlingsdauer 18–22 Tage.

Nahrung

Insekten, Würmer, Schnecken, Obst.

Beobachtungstipp

Lässt sich leicht mit Nistkästen (Flugloch 46 mm) in den Garten locken. An seinem wackelnden, trippelnden Gang am Boden unverkennbar. Beeindruckende Schwarmflüge im Herbst.

Singdrossel
Turdus philomelos

Kennzeichen

23 cm, Oberseite braun, Unterseite weißlich mit dichten, dunklen Flecken. Ruft hoch »zipp«, zetert bei Gefahr durchdringend »dick-dick-dick«, Gesang aus vielen verschiedenen, mehrfach wiederholten Elementen, von erhöhten Singwarten aus.

Vorkommen

Europa außer dem größten Teil der Iberischen Halbinsel; überwintert in Süd- und Westeuropa und Nordafrika.

Lebensraum

Unterholzreiche Wälder, Gebüsch, Parks und Gärten.

Brut

2 Bruten (März–Juli). Brütet (12–14 Tage) halbhoch in Sträuchern und Bäumen oder an Gebäuden. Großes, stabiles Nest aus Moos und Zweigen, mit Erde verfestigt. 4–6 hellblaue, schwarz gepunktete Eier. Nestlingsdauer 14–16 Tage.

Nahrung

Bevorzugt Schnecken, Würmer, Insekten, Obst, Samen.

Beobachtungstipp

Zertrümmert das Gehäuse von Schnecken an einem Stein, um an den weichen Körper zu gelangen (»Drosselschmiede«). Singt vor allem in den Morgen- und Abendstunden. Sehr scheu.

Buntspecht
Dendrocopus major

Kennzeichen

23 cm, schwarz-weiß-rotes Gefieder mit auffallenden weißen Schulterflecken und intensiv rotem Unterschwanz, Männchen mit roter Kopfplatte. Ruft oft metallisch »kick«, bei Beunruhigung schneller, trommelt häufig.

Vorkommen

Fast ganz Europa außer Island, Nordskandinavien und Irland.

Lebensraum

Wälder aller Art, häufig in Parks und Gärten mit hohen Bäumen, auch in Großstädten.

Brut

1 Brut (April bis Juni). Brütet (10-12 Tage) in jedes Jahr neu gezimmerten Baumhöhlen. 5–7 weiße Eier. Nestlingsdauer 21–23 Tage.

Nahrung

Insekten und deren Larven, im Winter vor allem Baumsamen, Nüsse.

Beobachtungstipp

Das typische Trommeln hat für Spechte eine revieranzeigende Funktion. In Baumspalten eingeklemmte Nüsse oder Fichtenzapfen geben ebenfalls Hinweise auf seine Anwesenheit, am Boden sammeln sich dort viele zerpflückte Zapfen an (»Spechtschmiede«).

Amsel
Turdus merula

Kennzeichen

25 cm, Männchen mit einheitlich schwarzem Gefieder, kräftig gelbem Schnabel und Lidring; Weibchen überwiegend dunkelbraun, Brust und Kehle etwas heller, unterseits schwach gesprenkelt. Ruft warnend »tix«, »tschick« oder laut zeternd, Luftalarmruf hohes gedehntes »ziih«, Gesang melodiös.

Vorkommen

Ganz Europa, in Skandinavien Zugvogel.

Lebensraum

Unterwuchsreiche Wälder und Gehölze, sehr häufig in Gärten und Parks, auch in kleinen Grünanlagen in Großstädten.

Brut

2–3 Bruten (März–September). Brütet (13–14 Tage) in Bäumen und Sträuchern. Nest aus Halmen, Moos, Wurzeln und Abfällen, innen mit feuchter Erde ausgestrichen. 3–5 blaugrüne, bräunlich gesprenkelte Eier. Nestlingsdauer 13–15 Tage.

Nahrung

Regenwürmer, Insekten, Spinnen, Beeren, Obst, Weichfutter.

Beobachtungstipp

Singt bereits in der Morgendämmerung. Häufiger Besucher an Futterstellen, gut zu beobachten bei der Nahrungssuche am Boden. Im Frühjahr oft erbitterte Kämpfe um das Revier.

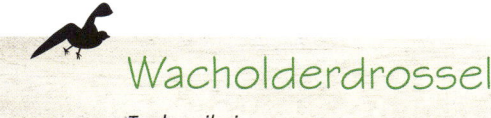

Wacholderdrossel
Turdus pilaris

Kennzeichen

25,5 cm, Kopf und Bürzel grau, Vorderrücken braun, Brust orangefarben, Bauch weiß, dunkle Strichelung an der gesamten Unterseite. Ruft im Flug »tschak, tschak, tschak«, Gesang gepresst zwitschernd, meist im Flug.

Vorkommen

Nord-, Mittel- und Osteuropa, viele Wacholderdrosseln; überwintert in Süd- und Westeuropa.

Lebensraum

Lichte Laub- und Mischwälder, gerne in Parks und Gärten mit altem Baumbestand.

Brut

Meist zwei Bruten (April–Juni). Brütet häufig in kleinen Kolonien auf Bäumen. Nest aus Zweigen und Gras in Astgabeln. 4–6 grünlichblaue, rot gemusterte Eier. Nestlingsdauer 14 Tage.

Nahrung

Würmer, Schnecken, Insekten, Obst, Beeren.

Beobachtungstipp

Die sehr gesellige Wacholderdrossel tritt besonders im Winterhalbjahr in Schwärmen auf. Sie sucht ihre Nahrung am Boden. Greifvögel in Nestnähe werden gemeinschaftlich verjagt.

HEIMISCHE VÖGEL IM PORTRÄT   95

Grauspecht
Picus canus

Kennzeichen

32 cm, Hinterrücken grün-grau, Kopf grau, mit schmalem schwarzem Bartstreif und roter Kopfplatte, Unterseite hellgrün-grau, Unterschwanzdecken quergebändert. Ruft abfallend und langsamer werdend »kü-kü-khü«.

Vorkommen

Weite Teile Mittel-, Nord- und Südeuropas.

Lebensraum

Bevorzugt in Laub- und Mischwäldern, aber auch in Parks, Gärten und auf Friedhöfen.

Brut

1 Brut (April–Juni). Brütet (14–15 Tage) in selbst gezimmerten oder übernommen Baumhöhlen in morschen Stämmen von Laubbäumen. 6–10 weiße Eier. Nestlingsdauer 22–25 Tage.

Nahrung

Raupen, Larven, Ameisen, Pflanzenkost wie Beeren, Obst und Sämereien.

Beobachtungstipp

Kommt auch an Futterstellen mit Fettfutter. Schon an milden Februartagen sind im Brutgebiet die melancholischen Rufe des Männchens zu hören, mit denen es sowohl das Revier abgrenzt als auch ein Weibchen anlockt, lange Trommelwirbel.

Kiebitz
Vanellus vanellus

Kennzeichen

32 cm, Oberseite schwarz mit grünlichem Metallglanz, Unterseite weiß mit schwarzem Brustband, Kopf schwarz-weiß mit schwarzem Augenstreif und nach oben gerichteter Federholle, breite Flügel. Ruft explosiv »kie-wit«, im Flug »chä-chuit, chui-witt«.

Vorkommen

Fast ganz Europa, nördliche Verbreitungsgrenze Skandinavien; überwintert in Südeuropa.

Lebensraum

Offenes feuchtes Grünland, Wiesen, Weiden, Ackerflächen.

Brut

Meist 1 Brut. Brütet (März–Juni) in einem mit Gras ausgepolstertem Nest in einer Bodenmulde. 4 olivbraune, schwärzlich gefleckte Eier. Nestlingsdauer 26–29 Tage.

Nahrung

Insekten, deren Larven, Regenwürmer, Samen und Früchte von Wiesenpflanzen.

Beobachtungstipp

Die Männchen beeindrucken mit spektakulären Balzflügen, seitlich kippende Sturzflüge und senkrechtes zu-Boden-Trudeln. Mit den Flügeln erzeugen die Vögel dabei oft ein wummerndes Geräusch.

Dohle
Corvus monedula

Kennzeichen

33 cm, schwarzes Gefieder mit grauem Nacken und Hinterkopf, auffällig helle Augen. Ruft kurz und durchdringend »kaja«, »kjak« oder schnarrend »kjärr«, bei Gefahr hoch »jüp«, schwätzender Gesang mit schnarrenden und knackenden Geräuschen.

Vorkommen

Europa außer Island und Nordskandinavien.

Lebensraum

Laubwälder und Parks mit Spechthöhlen, Dörfer mit Kirchen, Ruinen und altem Gemäuer.

Brut

1 Brut (April–Juni). Brütet (17–18 Tage) in Baumhöhlen, Mauernischen, Felsspalten und Nistkästen. Reisignest mit weichen Pflanzenteilen und Tierwolle gepolstert. 4–7 grünblaue, dunkel gefleckte Eier. Nestlingsdauer 28–32 Tage.

Nahrung

Obst, Getreide, Würmer, Schnecken, Insekten, Jungvögel, Mäuse und Abfall.

Beobachtungstipp

Gesellig, meist Koloniebrüter. Nahrungssuche am Boden. Zeigt am Abend in Trupps in Schlafplatznähe oft akrobatische Flüge. Schließt sich im Winter häufig Saatkrähenschwärmen an.

Eichelhäher
Garrulus glandarius

Kennzeichen

34 cm, mit seinem rötlich-braunen Gefieder, den auffällig hellblau-schwarz gebänderten Flügelabzeichen und dem weißen Bürzel unverwechselbar. Ruft rau »rhäh-rhä« oder »rhätsch«, warnt damit auch andere Vögel und Tiere vor Gefahr, Gesang mit leisen, schnalzenden Geräuschen, imitiert andere Vogelarten.

Vorkommen

Europa, außer Island und Nordskandinavien.

Lebensraum

Vorwiegend in Laub- und Mischwäldern, häufig in Parks und Gärten mit älteren Bäumen.

Brut

1 Brut (April–Juni). Brütet (16–17 Tage) versteckt in Büschen und Bäumen. Kleines Reisignest, mit Gräsern und Flechten gepolstert. 4–6 blau-grüne oder oliv-braune Eier. Nestlingsdauer 19–20 Tage.

Nahrung

Eicheln, Bucheckern, Haselnüsse, Insekten, im Frühjahr auch Jungvögel.

Beobachtungstipp

Fällt durch den weißen Bürzel und die leuchtenden Flügeldecken bereits von Weitem im Flug auf. Versteckt bei Nahrungsüberschuss das ganze Jahr über große Mengen von Baumfrüchten.

Kuckuck
Cuculus canorus

Kennzeichen

34 cm, Kopf, Brust und Oberseite taubengrau, Unterseite weiß, grau gebändert (»gesperbert«), Brust beim Weibchen bräunlich, lange, spitze Flügel, langer, dunkler, weiß gefleckter Schwanz. Der Reviergesang des Männchens ist der bekannte »Kuckucksruf«, manchmal auch fauchende Laute.

Vorkommen

Ganz Europa außer Island und Nordrussland; überwintert in Afrika südlich der Sahara.

Lebensraum

Fast in allen Landschaftstypen mit abwechslungsreicher Struktur und hoher Dichte an Wirtsvögeln.

Brut

Mai–Juli. Im Brutgebiet legt das Weibchen bis zu 20 Eier jeweils einzeln in verschiedenen Singvogelnestern ab. Es findet diese durch intensives Beobachten von möglichen Wirtsvögeln. Brutdauer 11–12 Tage. Nestlingsdauer 10–24 Tage.

Nahrung

Stark behaarte Raupen, Insekten, Käfer, Heuschrecken, Würmer.

Beobachtungstipp

Der scheue Vogel meidet die Nähe des Menschen. Im Flug erinnert er an einen Falken.

Grünspecht
Picus viridis

Kennzeichen

35 cm, Oberseite grün, leuchtend roter Scheitel, Unterseite grünlich-grau; Männchen mit rotem, schwarz umrandeten Bartstreif, Weibchen mit schwarzem Bartstreif. Ruft im Flug »kü-kü-kjück«, Reviergesang ein lachendes »klü-klü-klü«.

Vorkommen

Europa außer Island und Teilen Nordeuropas.

Lebensraum

Laubwälder, Feldgehölze, Alleen, Parks und Gärten mit alten Bäumen.

Brut

1 Brut (April–Juni). Brütet (14–16 Tage) in selbst gezimmerten oder übernommenen Bruthöhlen in morschen Stämmen von Laubbäumen. 5–7 weiße Eier. Nestlingsdauer 23–27 Tage.

Nahrung

Ameisen und deren Puppen, andere Insekten, Würmer, Obst.

Beobachtungstipp

Häufig am Boden auf der Suche nach Ameisen unterwegs. Rasenflächen werden systematisch untersucht, Moosflächen abgehoben. Im Winter graben sich Grünspechte sogar durch die Schneedecke.

Elster
Pica pica

Kennzeichen

45 cm, mit sehr langem, stufigem Schwanz und auffällig schwarz-weißem, metallisch blau glänzendem Gefieder. Ruft hart »tscharr-ackackack«, Gesang verhalten, vermischt mit nasalen Lauten.

Vorkommen

In ganz Europa.

Lebensraum

Offene Landschaften mit Feldgehölzen, Parks und Gärten mit hohen Bäumen, auch in der Großstadt.

Brut

1 Brut (April–Mai). Brütet (17–18 Tage) in Baumkronen und Büschen. Großes, überdachtes Reisignest, Nestboden aus Wurzeln und Erde. 5–8 grünliche, braun gefleckte Eier. Nestlingsdauer 22–24 Tage.

Nahrung

Allesfresser, vor allem Schnecken, Würmer, Insekten, Eier, Jungvögel, Aas und Abfälle.

Beobachtungstipp

Flug wirkt wegen der unregelmäßigen Flügelschläge etwas zögerlich, typisch wackelnder Gang. Besucht im Winter, wenn sie sich ungestört fühlt, Futterplätze.

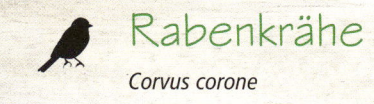

Rabenkrähe
Corvus corone

Kennzeichen
47 cm, Gefieder einheitlich schwarz, mit schwachem Glanz, Schnabel schwarz mit Federborsten am Grund. Ruft häufig »wärr« oder »kräh«, Gesang leises Geplauder mit Imitationen anderer Vogelstimmen, selten zu hören.

Vorkommen
Westeuropa, westliches Mitteleuropa außer Irland und Schottland.

Lebensraum
Vor allem offene Kulturlandschaften, häufig in Parks und Gärten mit hohen Bäumen.

Brut
1 Brut (März–Juni). Brütet (17–19 Tage) hoch in Bäumen oder Büschen. Solides Nest aus Zweigen, mit feuchter Erde verfestigt, innen mit Haaren und Wolle ausgepolstert. 4–6 grünbraune, dunkel gefleckte Eier. Nestlingsdauer 31–33 Tage.

Nahrung
Allesfresser, Insekten, Würmer, Schnecken, Mäuse, Frösche, Eier und Junge anderer Vögel, Samen, Früchte, Aas.

Beobachtungstipp
Sehr gesellig, streift in größeren Trupps umher, vermehrt auch in Gärten. Scheu und misstrauisch.

Arten- Sachregister

A

Aegithalos caudatus 78

Alauda arvensis 87

Amsel 12, 94

Apus apus 85

B

Bachstelze 89

Berberitze 23

biologische Langzeituhr 12

Blaumeise 58

Brachflächen 12

Braunkehlchen 14, 63

Buchfink 81

Buntspecht 93

C

Carduelis carduelis 60

Carduelis spinus 59

Carson, Rachel 11

Certhia brachydactyla 61

Chloris chloris 80

Coccothraustes coccothraustes 88

Corduelis cannabina 70

Corvus corone 103

Corvus monedula 98

Cuculus canorus 100

Cyanistes caeruleus 58

D

Delichon urbica 65

Dendrocopus major 93

Dohle 98

Dorngrasmücke 76

E

Eberesche 22

Efeu 23

Eichelhäher 99

Elster 102

Emberiza citrinella 83

Energiepflanzen 10

Erithacus rubecula 73

Erlenzeisig 59

F

Falbkatze 16

Feldlerche 10, 13, 87

Feldsperling 69

Felis sylvestris lybica 16

Ficedula hypoleuca 64

Fitis 55

Fringilla coelebs 81

G

Garrulus glandarius 99

Gartenbaumläufer 61

Gartengrasmücke 12, 75

Gartenrotschwanz 14, 31, 70

Gelbspötter 62

Gimpel 82

Girlitz 56

Goldammer 83

Grauschnäpper 14, 77

Grauspecht 96

Grünfink 23, 80

Grünspecht 101

Gülle 10

H

Haubenmeise 53

Hausrotschwanz 12, 71

Haussperling 23, 79

Heckenbraunelle 72

Herbizide 11

Hippolais icterina 62

Hirundo rustica 90

K

Kernbeißer 88

Kiebitz 10, 12, 97

Klappergrasmücke 66

Kleiber 68

Kohlmeise 67

Krautsaum 24

Kuckuck 100

Kunstdünger 10

Kurzstreckenzieher 13

L

Langstreckenzieher 13

Lanius collurio 86

Liguster 23

Luscinia megarhynchos 84

M

Mahd 10

Mauersegler 85

Mehlschwalbe 12, 65

Meisenkasten 30

Mittelstreckenzieher 13

Mönchsgrasmücke 12, 14, 74

Motacilla alba 89

Mulch 27

Muscicapa striata 77

ISBN 978-3-8094-4317-9

1. Auflage
2021 by Bassermann Verlag,
einem Unternehmen der Penguin Random House Verlagsgruppe GmbH,
Neumarkter Straße 28, 81673 München

Projektleitung: Dr. Iris Hahner
Layout: Angelika Tröger, Claudia Scheike
Satz: Buch-Werkstatt GmbH, Bad Aibling
Redaktion und Bildredaktion: Verlagsbüro Kopp, München
Umschlaggestaltung: Atelier Versen, Bad Aibling
Herstellung: Claudia Scheike

Fotos: NABU 14, (Schulz), 15 (Bosch), 36, 46 und 47; Müller 2, 34, 91; Steinberger 6, 10, 18, 19, 23, 24, 26, 27, 29, 31
re, 38, 40, 41, 42, 43, 48, 50, 53, 67, 83, 88, 93, 94, 99; Sielmann Stiftung (Seng) 45; Verlagsbüro Kopp 30; Wothe 8,
12, 13, 16, 20, 25, 28, 31 li, 32, 33, 39, 51, 52, 54, 55, 56, 57, 58, 59, 60, 61, 62, 63, 64, 65, 66, 68, 69, 70, 71, 72, 73,
74, 75, 76, 77, 78, 79, 80, 81, 82, 84, 85, 86, 87, 89, 90, 92, 95, 96, 97, 98, 100, 101, 102, 103

Penguin Random House Verlagsgruppe FSC® N001967

Druck und Bindung: Tešínská tiskárna, a.s., Cesky Tesin

Printed in the Czech Republic

Für die Freunde von Amsel, Drossel, Fink und Star!

96 Seiten, durchgehend farbig bebildert
ISBN 978-3-8094-3837-3

In diesem Ratgeber finden Sie Alles über die Anlage und Pflege eines naturnahen Gartens, eine vogelfreundliche Gestaltung des Gartens, die besten 40 Vogelsträucher und -pflanzen sowie 32 Porträts einheimischer Vogelarten.

96 Seiten, durchgehend farbig bebildert
ISBN 978-3-8094-3838-0

Dank detaillierter Zeichnungen und Maßangaben ist die Herstellung der 80 verschiedenen Nistkästen ein Kinderspiel. Kurze Vogelporträts ergänzen die Anleitungen und ein Verzeichnis der Gartenvögel verrät die bevorzugten Nistplätze und Brutzeiten.

Besuchen Sie uns auch auf

Bassermann
www.bassermann-verlag.de